Barun Ghosh

Compósitos de polímeros com nanocargas inorgânicas para aplicações em dispositivos

Barun Ghosh

Compósitos de polímeros com nanocargas inorgânicas para aplicações em dispositivos

ScienciaScripts

Imprint

Any brand names and product names mentioned in this book are subject to trademark, brand or patent protection and are trademarks or registered trademarks of their respective holders. The use of brand names, product names, common names, trade names, product descriptions etc. even without a particular marking in this work is in no way to be construed to mean that such names may be regarded as unrestricted in respect of trademark and brand protection legislation and could thus be used by anyone.

Cover image: www.ingimage.com

This book is a translation from the original published under ISBN 978-620-2-06818-5.

Publisher:
Sciencia Scripts
is a trademark of
Dodo Books Indian Ocean Ltd. and OmniScriptum S.R.L publishing group

120 High Road, East Finchley, London, N2 9ED, United Kingdom
Str. Armeneasca 28/1, office 1, Chisinau MD-2012, Republic of Moldova, Europe
Printed at: see last page
ISBN: 978-620-7-95529-9

Índice

Resumo

O fluoreto de polivinilideno (PVDF) é um material polimérico conhecido pelas suas interessantes propriedades electroactivas, que permitem aplicações electro-ópticas, electromecânicas e biomédicas. O PVDF é um polímero semicristalino com um polimorfismo pouco comum entre os materiais poliméricos, uma vez que apresenta quatro fases cristalinas denominadas α, β, γ e δ. A fase β é a que apresenta melhores propriedades piezoeléctricas, piroeléctricas e ferroeléctricas. Até recentemente, esta fase era obtida exclusivamente por estiramento mecânico de filmes originalmente na fase α- não polar. Filmes não orientados exclusivamente na fase β podem também ser obtidos a partir da cristalização de PVDF feito a partir de solução com N, N-dimetilformamida (DMF) ou dimetilacetamida (DMA) a temperaturas inferiores a 70^0 C. Estes filmes apresentam um elevado grau de porosidade, o que os torna opacos e frágeis. Este facto abre, por outro lado, a possibilidade de preparar membranas electroactivas porosas, com uma porosidade adaptada. O interesse nas membranas poliméricas de PVDF deve-se à sua estabilidade face à radiação γ, à abrasão e a ambientes químicos exigentes, incluindo ácidos, alcalinos, oxidantes fortes e halogéneos. Estas caraterísticas tornam este material adequado para produtos de membrana. O PVDF piezoelétrico e os seus copolímeros são materiais amplamente aplicados em mecanismos de atuação e de deteção. Podem ser utilizados como fibras e películas em várias aplicações de engenharia, tais como asas activas de microveículos aéreos, colunas piezo-laminadas e películas de correção da forma em aplicações espaciais.

Propomos explorar a viabilidade de incorporar diferentes cargas inorgânicas, tais como óxido de zinco nanocristalino (ZnO), sulfureto de cádmio (CdS) e titanato de cobre e cálcio, $CaCu_3Ti_4O_{12}$ (CCTO) na matriz de PVDF para formar um filme compósito com propriedades ópticas e dieléctricas adequadas, conducentes a aplicações em dispositivos. Estes materiais compósitos poliméricos trariam novas esperanças, que poderiam ser exploradas como dispositivos estruturais de armazenamento de energia, em que a matriz e o material de enchimento assumem sinergicamente os papéis de suporte estrutural e de armazenamento de energia. As perspectivas de utilização de compósitos PVDF:CdS também podem ser exploradas para expandir a utilização dos compósitos como aplicações de dispositivos fotovoltaicos (PV).

1. Introdução

Os dispositivos de armazenamento de energia eléctrica desempenham um papel importante na eletrónica móvel, nos sistemas de energia estacionários, nas aplicações de energia pulsada [1,2], etc. Os condensadores feitos de materiais dieléctricos podem acumular uma grande quantidade de energia eléctrica e podem ser utilizados para este fim. Este tipo de materiais armazena energia sob a forma de separação de cargas quando a distribuição de electrões em torno das moléculas constituintes é polarizada por um campo elétrico externo. Para os dispositivos de armazenamento de energia, são necessários materiais de elevada densidade energética. Isto leva ao desenvolvimento de sistemas compostos de polímeros que combinam a facilidade de processamento, a flexibilidade do polímero, a força do campo de rutura do polímero com a elevada constante dieléctrica das cargas. Na verdade, estas cargas ajudam a aumentar a constante dieléctrica efectiva do sistema compósito sem alterar a resistência à rutura inerente ao polímero. Contudo, na realidade, é impossível conceber um condensador com uma elevada constante dieléctrica, uma elevada intensidade de campo de rutura e uma baixa perda dieléctrica. Por conseguinte, a melhor maneira é chegar a um compromisso feliz entre a elevada constante dieléctrica e a baixa perda dieléctrica. Os investigadores estão a tentar desenvolver compósitos poliméricos avançados através de uma melhor compreensão do controlo da permissividade dieléctrica do compósito e da intensidade do campo de rutura. A maioria dos estudos actuais sobre compósitos de polímeros dieléctricos centra-se no aumento da permissividade dieléctrica utilizando óxidos metálicos ferroeléctricos como $Pb(Zr,Ti)O3$ (PZT), $BaTiO3$ (BT) etc [3-6]. Para melhorar a constante dieléctrica efectiva dos compósitos poliméricos, as cargas inorgânicas de constante dieléctrica da ordem das centenas ou mesmo milhares são as mais procuradas para as introduzir na matriz polimérica. No entanto, as constantes dieléctricas efectivas resultantes ficam geralmente aquém das expectativas. Como a carga inorgânica tem uma permissividade muito maior do que a da matriz polimérica, o aumento da constante dieléctrica efectiva ocorre através de um aumento do campo elétrico médio na matriz polimérica, com muito pouca energia a ser armazenada na fase de permissividade elevada. Devido à combinação de duas fases (polímero e óxido

4

metálico), existe a possibilidade de geração de um campo elétrico altamente não homogéneo. Se a matriz polimérica e o óxido metálico forem incompatíveis entre si, este tipo de compósito impede a formação de um campo elétrico homogéneo. Por isso, é um desafio para os investigadores escolher as cargas inorgânicas adequadas e a matriz polimérica adequada para as tornar compatíveis entre si. A estrutura não homogénea e o campo elétrico altamente não homogéneo são a principal razão para diminuir a intensidade do campo de rutura, bem como a densidade de energia armazenada.

O fluoreto de polivinilideno (PVDF) é um material polimérico conhecido pelas suas interessantes propriedades electroactivas, que permitem aplicações electro-ópticas, electromecânicas, transdutores ultra-sónicos, biomédicas e sensores [7-10]. O PVDF é um polímero semicristalino com unidade repetida de -(CH_2CF_2)n-. O PVDF apresenta quatro fases cristalinas denominadas α, β, γ e δ [11]. O grau de cristalinidade do PVDF pode variar entre 35% e 70%. As fases α e β são as mais comuns entre as quais a fase β do PVDF tem propriedades piezo e piroeléctricas [9]. As cadeias da fase α são empacotadas na célula unitária de tal forma que os dipolos moleculares (ligação C-F e ligação C-H) estão em antiparalelo e o momento de dipolo líquido é zero [12]. Na fase β, as ligações polares C-H e C-F estão orientadas de tal forma que o momento de dipolo líquido perpendicular à cadeia de carbono por unidade monomérica é de 2,0 D, em que $1D = 3,33564 \times 10\ 3^{-0}$ C·m [13]. Um forte momento de dipolo elétrico surge na fase β do PVDF devido à grande electro-negatividade dos átomos de flúor em comparação com os átomos de hidrogénio e carbono [14]. A fase β tem a maior polarização espontânea entre todas as fases por célula unitária. Por conseguinte, a fase β polar tem atraído muito mais interesse em qualquer finalidade técnica pelas suas propriedades piezoeléctricas e piroeléctricas. Para o dispositivo de armazenamento de energia e o dispositivo piezoelétrico, os investigadores têm um interesse primordial na fase β do PVDF. Normalmente, as películas de PVDF moldadas têm predominantemente a fase α. Por conseguinte, é um desafio induzir a fase β no PVDF. Existem muitas técnicas para induzir a fase β no PVDF, como alongamento mecânico [15], extinção por fusão [16], polimento sob alto campo elétrico [17-20], aplicação de alta pressão [21], eletrofiação [22], incorporação de triuoroetileno (TrFE) [23] etc. Wang et al. [24]

mostraram no seu estudo que era necessário um campo elétrico positivo crítico para induzir a transição da cadeia α para a cadeia β e que o requisito de energia era de ~16 kJ/mol. Quando polido sob um campo elétrico elevado, o PVDF apresenta melhor piezoeletricidade e piroeletricidade [17-20]. O PVDF piezoelétrico e os seus copolímeros são materiais amplamente aplicados e podem ser utilizados como fibras e filmes em várias aplicações de engenharia, tais como asas activas de micro veículos aéreos, colunas piezo laminadas, etc.

Apesar das propriedades vantajosas acima referidas, a resposta electroactiva do PVDF piezoelétrico é relativamente baixa. A utilização frutuosa de transdutores piezoeléctricos à base de PVDF para diferentes aplicações de deteção requer um elevado nível piezoelétrico, excelentes propriedades mecânicas e um aumento significativo da relação sinal/ruído. Assim, foi necessária a incorporação de alguns compostos inorgânicos para aumentar significativamente o momento de dipolo do PVDF para utilizar os filmes em várias tecnologias de dispositivos. Neste contexto, vários compósitos à base de P(VDF-TrFE)- [25-28] foram referidos na literatura. É interessante notar que o ZnO tem sido o material de enchimento inorgânico mais utilizado [29-31]. Mas a maioria dos trabalhos sobre filmes compósitos de PVDF:ZnO centraram-se basicamente nas propriedades de semicondutor magnético diluído (DMS) do sistema [32] e nas caracterizações associadas. Nos últimos anos, foram sintetizadas diferentes nanoestruturas de ZnO, como nanofios, nano molas e nanopartículas, entre outras, com propriedades piezoeléctricas inerentes [33]. Wang et. al. [34] sintetizaram matrizes de nanofios de ZnO alinhados e caracterizaram a sua geração de energia eléctrica através da deformação induzida por uma ponta de microscópio de força atómica. Lin et. al. [35] fabricaram um nanocompósito de titanato de zirconato de chumbo (PZT):ZnO por processamento convencional em estado sólido. A incorporação de ZnO aumentou as propriedades mecânicas dos nanocompósitos PZT:ZnO, tais como a resistência à flexão, a resistência à fratura e o módulo de Young. Concluíram que, em comparação com as cerâmicas PZT monolíticas, a incorporação de ZnO melhorou consistentemente as propriedades mecânicas e diminuiu ligeiramente as propriedades piezoeléctricas. Ji et. al. [36] relataram que a impregnação de poli ou nanocristais de ZnO altamente isolantes e orientados em matriz de PVDF flexível e independente conduziu a uma classe de novos materiais compósitos que poderiam ser utilizados na tecnologia fotovoltaica (PV) e também como um transdutor eficiente na tecnologia de dispositivos.

Sabe-se também que outros compostos semicondutores binários II-VI podem igualmente apresentar efeitos piezoeléctricos e afins, dependendo da simetria polar. A este respeito, o sulfureto de cádmio (CdS), que é estável a altas temperaturas, pode ser suficientemente isolante e altamente orientado (eixo c normal à superfície da película). Isto sugere que o CdS também pode ser explorado de forma frutuosa na tecnologia de dispositivos piezoeléctricos. Além disso, o CdS é a camada de janela mais comum utilizada em diferentes estruturas de células fotovoltaicas. Recentemente, Shvydka et. al. [37] registaram um forte efeito piezoelétrico reversível em células fotovoltaicas de CdTe/CdS, consistente com os parâmetros piezoeléctricos do CdS. Os resultados permitiram compreender o conceito de piezo-fotovoltaicos e sugeriram algumas implicações práticas específicas para estas questões. Os componentes mais utilizados na eletrónica flexível, como os dispositivos fotossensíveis, os cartões inteligentes, as etiquetas de segurança, os dispositivos de comutação e os dispositivos de memória, requerem películas finas compósitas flexíveis e independentes. Assim, a impregnação de poli ou nanocristais de CdS altamente isolantes e orientados em matrizes de PVDF flexíveis e independentes pode também conduzir a uma classe de novos materiais compósitos, que poderão ser utilizados na tecnologia fotovoltaica e também como transdutores eficientes na tecnologia de dispositivos.

As cerâmicas dieléctricas são essenciais para os futuros dispositivos microelectrónicos, tais como condensadores, filtros dieléctricos, ressoadores dieléctricos, transdutores, etc. O titanato de cobre e cálcio, $CaCu_3Ti_4O_{12}$ (CCTO), é um composto cerâmico que tem atraído grande atenção no que respeita a estas aplicações devido à sua elevada ($\sim 10^4$) constante dieléctrica (κ), tangente de baixa perda (10^{-1}) e propriedade não linear corrente-tensão até 10^6 Hz numa vasta gama de temperaturas (de 100 K a 600 K) [38-40]. No entanto, a sua elevada densidade, fragilidade e dificuldades de processamento limitam as suas potenciais aplicações na tecnologia moderna [41]. Os compósitos polímeros dieléctricos que combinam o *elevado* coeficiente de elasticidade das cerâmicas e as vantagens de uma matriz polimérica podem ser uma alternativa para substituir as cerâmicas puras em aplicações dieléctricas de elevado coeficiente de elasticidade, devido às suas excelentes propriedades físicas e químicas, como a baixa densidade, a flexibilidade mecânica e a simplicidade de processamento [42-47]. As partículas cerâmicas, CCTO [44,45,48], têm sido utilizadas como cargas para melhorar as propriedades dieléctricas para aplicação prática em compósitos poliméricos. Uma elevada constante dieléctrica foi obtida com uma elevada concentração de carga [47-49], mas também está associada a uma elevada perda dieléctrica. Além disso, uma elevada percentagem de carga induz um fraco desempenho mecânico devido à fragilidade do compósito e à aglomeração das partículas na matriz [50-52]. Assim, o principal objetivo da investigação de compósitos dieléctricos não é apenas aumentar a constante dieléctrica do material compósito, mas também diminuir a perda dieléctrica (tan δ). Para tal, foi demonstrado que, quando o material de enchimento é tratado com um agente de acoplamento ou decorado com partículas condutoras, é observada uma perda dieléctrica reduzida com uma constante dieléctrica melhorada [53,54]. Numa matriz polimérica, quando as partículas cerâmicas são decoradas com nanopartículas condutoras, como a prata, a polarização da carga espacial (PCS) entre o material de enchimento e a matriz polimérica aumenta. Esta SCP não só ajuda a aumentar a constante dieléctrica como também a manter uma baixa tangente de perda do compósito [45]. Li et. al. [53] prepararam nanocompósitos incorporando nanopartículas de Ba0,6Sr0,4TiO3 (BST)/nanopartículas de prata com núcleo/casca (BST@Ag) na matriz polimérica de PVDF e referiram que a permissividade relativa dos compósitos aumentou significativamente para 153 a 100 Hz, o que é 73% superior à do compósito preparado com nanopartículas de BST não tratadas, com a tangente de perda inferior a 0,20. Luo et. al. [54] investigaram o efeito das propriedades dieléctricas das partículas híbridas BaTiO3 (BT- Ag) depositadas em nanopartículas de Ag, que podem ser utilizadas como cargas em compósitos de polímeros flexíveis. Foi indicado que os compósitos de polímero PVDF preenchidos com partículas híbridas BT-Ag com

56,8 vol% de carga de enchimento, apresentaram uma constante dieléctrica elevada de cerca de 160 com tan $\delta < 0,20$. George et. al. [55] relataram uma permissividade relativa de 142 com baixa perda dieléctrica (tan $\delta < 0,15$) e baixa condutividade (10^{-5} S/cm) a 1 MHz, perto do limiar de percolação (fração volumétrica de 0,28) no seu compósito trifásico de epóxi-CLNT-Ag, que é adequado para aplicações de condensadores incorporados. Aqui investigámos o efeito das propriedades dieléctricas de filmes de PVDF incorporados com cerâmicas CCTO funcionalizadas com nanopartículas de prata (PVDF/CCTO:Ag).

Assim, a viabilidade da incorporação de diferentes cargas inorgânicas, isto é, ZnO, CdS e CCTO, na matriz de PVDF foi aqui explorada. Os resultados das nossas investigações sobre a possibilidade de sintetizar películas finas flexíveis de PVDF impregnadas com ZnO, CdS e CCTO nanocristalinos foram discutidos em pormenor. A morfologia da superfície, as propriedades ópticas, a composição química, a impedância eléctrica (resistência) a.c. e as propriedades dieléctricas destes compósitos poliméricos são estudadas para películas de PVDF com diferentes cargas. Os resultados mostram que estas películas finas de compósitos poliméricos flexíveis podem ser utilizadas para aplicações de recolha de energia.

2. Detalhes experimentais

2.1. Película fina flexível independente de PVDF:ZnO

Os passos seguintes foram envolvidos na síntese de películas compósitas de PVDF com três quantidades diferentes de ZnO como carga na matriz de PVDF:

Etapa I: Preparou-se uma solução-mãe (A) com 0,669 g de PVDF em pó (adquirido à Alfa Aesar, n.º CAS: 24937-79-9; MP:155-160C) num erlenmeyer. Foram adicionados 4 ml de formamida dimetílica (DMF-99,8% de pureza da Sigma-Aldrich) ao PVDF acima referido para obter uma solução de 15 wt% de PVDF com DMF e a mistura foi refluxada durante 5-6 horas com agitação constante a 60° C para dissolução completa do PVDF. Foram preparadas três soluções idênticas em três frascos cónicos diferentes.

Etapa-II: As soluções-mãe (B) foram preparadas tomando três quantidades diferentes (26,34 mg, 87,8 mg e 175,6 mg) de acetato de Zn em três frascos cónicos separados. Adicionaram-se 4 ml de DMF a cada um destes frascos cónicos. As soluções foram submetidas a refluxo durante 1 h, com agitação constante à temperatura ambiente (30° C), para dissolução completa do acetato de Zn, de modo a obter uma solução 0,03 molar, 0,1 molar e 0,2 molar de acetato de Zn.

Etapa-III: As temperaturas das soluções-mãe individuais (B) foram aumentadas para 120° C, com refluxo contínuo e agitação durante 3 h. A cor da mistura tornou-se esbranquiçada, indicando a formação de $Zn(OH)_2$.

Etapa-IV: Foram adicionadas 10-12 gotas de dietanolamina (DEA) a cada uma das misturas acima referidas. A dietanolamina actuaria como agente de controlo do tamanho das partículas e também como catalisador de difusão do oxigénio [56]. A temperatura foi aumentada para 150° C, com agitação e refluxo contínuos durante mais 1 h, até a solução ficar límpida, indicando a formação de ZnO. A reação química seguiria o seguinte caminho [57]:

$$Zn(CH_3COO)_2.2H_2O + (CH_3)_2 NC(O)H \rightarrow Zn(OH)_2 + (CH_3COO)_2CHN(CH)_2$$
$$Zn(OH)_2 \rightarrow ZnO + H_2O$$

Etapa V: Verteu-se uma das soluções-mãe (A) num dos frascos cónicos acima referidos contendo ZnO, tal como obtido na etapa-IV. A temperatura foi então reduzida e fixada a 60° C, continuando a agitação e o refluxo durante mais 3 horas, quando se obteve um gel transparente.

Etapa-VI: Repetiu-se com as outras duas soluções de reserva obtidas na etapa-IV, contendo diferentes quantidades de ZnO, para obter um gel adequado para a moldagem de nanocompósitos de PVDF:ZnO contendo três quantidades diferentes de ZnO. Os géis assim obtidos foram fundidos uniformemente em substratos de vidro à temperatura ambiente a uma rotação baixa (60 rpm) para a síntese de películas compósitas de PVDF:ZnO.

2.2. Película fina flexível independente de PVDF:CdS

Para a síntese de compósitos de PVDF:CdS, uma quantidade necessária de PVDF granular (adquirido à Alfa Aesar CAS No:24937-79-9; MP:155-160C) juntamente com acetato de cádmio (99,995%, Sigma-Aldrich) e tioureia (99,0%, Sigma-Aldrich) foram colocados num balão cónico equipado com um dispositivo de refluxo. Foram adicionados 4 ml de DMF aos materiais acima referidos. Utilizou-se uma quantidade fixa de PVDF (15% em peso) e variaram-se as quantidades de acetato de Cd e tioureia para obter as películas compósitas com três cargas diferentes de CdS na matriz de PVDF. As quantidades de acetato de Cd utilizadas foram 0,175 M, 0,275 M e 0,375 M, respetivamente, enquanto as quantidades correspondentes de tioureia adicionadas foram 0,151 M, 0,237 M e 0,323 M, respetivamente. As misturas individuais foram refluxadas durante 5-6 h com agitação constante a 60° C para dissolução completa dos solutos. O sol necessário assim obtido foi utilizado para depositar as películas compósitas de PVDF:CdS num substrato de vidro à temperatura ambiente a baixa rotação (60 rpm) pelo método de revestimento por rotação.

2.3. Película fina flexível independente PVDF/CCTO:Ag

2.3.1. Síntese de $CaCu_3Ti_4O_{12}$

As partículas cerâmicas CCTO foram sintetizadas pelo método sol-gel. Isopropóxido de titânio (IV) [Ti (OC3H7) 4] (97% de pureza da Sigma-Aldrich), nitrato de cálcio (II) tetra-hidratado [Ca (NO3) 2 · 4H2O] (99% de pureza da Sigma-Aldrich), nitrato de cobre (II) hemipenta-hidratado [Cu (NO3) 2 · 2.5H2O] (98% de pureza da Sigma- Aldrich), 2-propanol e ácido cítrico foram utilizados como materiais de partida. Em um protocolo típico, primeiro Ti (OC3H7) 4, Ca (NO3) 2·4H2O e Cu (NO3) 2·2.5H2O foram dissolvidos separadamente em 2-propanol sob agitação vigorosa por 30 min. Depois disso, a solução de Ca (NO3) 2·4H2O, Cu (NO3) 2·2.5H2O e ácido cítrico foram adicionados à solução de [Ti (OC3H7) 4)] para fazer o precursor CCTO. Esta solução precursora de CCTO foi então agitada por mais 30 min à temperatura ambiente. Finalmente, o gel foi formado quando se adicionaram 2 ml de água desionizada. O gel foi então seco a 50°C durante 12 horas. O pó obtido foi triturado num almofariz de ágata durante 5 minutos. Depois disso, foi calcinado a 800°C durante 3 h ao ar para obter pó de CCTO.

2.3.2. Síntese de CaCu3Ti4O12:Ag

As partículas de CCTO foram funcionalizadas por deposição de nanopartículas de prata (Ag) através de um método de sementeira modificado [45]. SnCl2 (anidro), AgNO3, hidróxido de sódio (NaOH) e NH4OH foram utilizados como materiais de partida. Em primeiro lugar, 0,2 g de pó de CCTO foi disperso por ultra-sons durante 30 minutos numa solução aquosa de 100 ml de hidróxido de sódio a 2%. O pó de CCTO pré-tratado foi adicionado a uma solução mista de 100 ml de SnCl2 (0,05M) e HCl (0,01M) para induzir a adsorção de iões Sn^{2+} na superfície do CCTO. O coloide foi então lavado várias vezes com água e colocado numa solução de 50 ml de nitrato de prata amoniacal (0,1M) com elevada concentração de Ag para pré-deposição de núcleos de prata. Após 30 minutos, a solução acima referida foi novamente lavada com água e adicionada a 50 ml de nitrato de prata amoniacal de baixa concentração de prata (0,02M) com 10 ml de etanol. A mistura foi então colocada num sistema de vácuo para evitar a formação indesejada de óxido de prata e mantida durante toda a noite para fazer crescer as nanopartículas de prata na superfície do CCTO. Os iões Sn^{2+} absorvidos actuam como ponto de partida para o crescimento de pontos de prata com a ajuda de um agente redutor (AgNO3) [44]. Depois, com o agente redutor e com o tempo, as nanopartículas de prata crescem gradualmente de forma uniforme e acabam por se ligar umas às outras.

2.3.3. Síntese de películas compósitas PVDF/CCTO e PVDF/CCTO:Ag

Para a síntese de compósitos PVDF/CCTO e PVDF/CCTO:Ag, primeiro os pós de CCTO e CCTO:Ag foram dispersos por ultra-sons em DMF durante 30 min numa proporção tal que se prepararam três diferentes vol% (10%, 20% e 30%) de carga na matriz polimérica. Em seguida, foi adicionado o peso adequado de pó de PVDF e a mistura foi refluxada durante 6 h sob agitação constante a 60° C para dissolução completa dos solutos. Posteriormente, a mistura foi centrifugada uniformemente num substrato de vidro limpo à temperatura ambiente e a baixa rotação (60 rpm) para depositar as películas compósitas PVDF/CCTO e PVDF/CCTO:Ag. As películas compósitas de 10 vol%, 20 vol% e 30 vol% são designadas por P/C-10, P/C-20, P/C-30 e P/C:Ag- 10, P/C:Ag-20 e P/C:Ag-30, respetivamente.

Utilizou-se um forno de micro-ondas para aquecer as películas revestidas a 100 W durante 3 minutos (a temperatura gerada foi de ~ 95° C). As películas assim obtidas podiam ser facilmente retiradas do substrato de vidro. As películas flexíveis e independentes assim obtidas foram utilizadas para caracterizações. Evitámos o aquecimento convencional em placa quente das películas spin-cast depositadas para evitar o aparecimento de poros resultantes de bolhas provenientes da interface substrato/filme. A baixa condutividade térmica dos substratos de vidro impede o aquecimento homogéneo das películas fundidas e, por conseguinte, a interface vidro/filme é aquecida antes de o calor poder ser transmitido uniformemente ao longo do volume da película. Este aquecimento desigual associado ao aquecimento por placa quente foi eliminado pelo aquecimento por micro-ondas, que transmitiu um aquecimento uniforme a todo o volume da película. A qualidade das películas assim obtidas foi extremamente boa e o processo foi completamente reprodutível. Não foram detectados solventes residuais nas películas após o aquecimento por micro-ondas em medições de espetroscopia de fotoelectrões de raios X (XPS). As espessuras das películas compostas eram de ~ 10 μm e a área da película ativa era de ~ 5 mm x 5 mm.

As películas foram polidas no vácuo (~ 10^{-6} Torr) a um campo de 5 MV/m durante 2 h. Em resumo, a unidade de polimento consiste essencialmente num elétrodo com mola e num suporte de película que funciona como segundo elétrodo. O conjunto acima referido está alojado numa câmara de vácuo de vidro pyrex, que pode ser evacuada a um nível de ~ 10^{-6} Torr. Uma passagem adequada permitiu as ligações de alta tensão (HT). Os eléctrodos estão ligados a uma fonte de alimentação d.c. regulada (0-10 KV a 50 mA) com proteção adequada contra curto-circuitos. O esquema da unidade de polimento é apresentado na Figura 1 e os pormenores foram descritos nas nossas publicações anteriores [20].

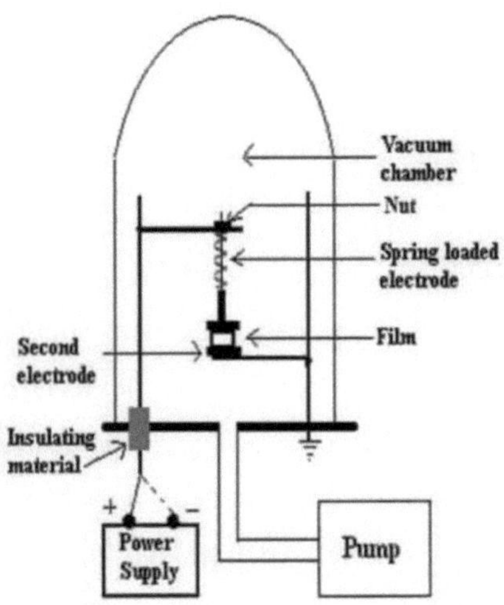

Figura 1: Diagrama esquemático de uma unidade de polimento.

Foi utilizado um microscópio eletrónico de varrimento por emissão de campo (FESEM) Carl Zeiss SUPRA® 55 para registar a morfologia da superfície a uma tensão de funcionamento de 10 kV no modo de emissão secundária. A microscopia eletrónica de transmissão (TEM, FEI Tecnai F20 G^2) foi utilizada para determinar a distribuição do tamanho das nanopartículas. Os estudos de difração de raios X (XRD) foram realizados utilizando Rigaku MiniFlex XRD (linha Cu Kα de 0,154 nm) para obter informações microestruturais. As medições de espetroscopia de fotoelectrões de raios

14

X (XPS) foram efectuadas com um espetrómetro M/s SPECS (Alemanha) a uma pressão de sistema de $\sim 4 \times 10^{-10}$ Torr. A linha Al Kα foi utilizada como fonte de raios X a 1486,74 eV. O ânodo foi operado a uma tensão de 15 kV e o nível de potência da fonte foi ajustado para 400 W. Foi também fornecida uma fonte de iões de Ar para a limpeza das amostras por pulverização catódica. Foi utilizada a 5 kV e 50 µA. O sistema pulveriza aproximadamente a uma taxa de 10 angstroms por minuto. Os espectros foram recolhidos utilizando o analisador PHOIBOS HSA3500 DLSEGD 150R7 DLSEGD, com uma resolução de 0,6 eV para 656 kcps a uma energia de passagem de 50 eV. As medições de espetroscopia de infravermelhos com transformada de Fourier (FTIR) foram registadas na gama de 400-4000 cm^{-1} utilizando um espetrofotómetro NicoletTM-380 FTIR. As medições de fotoluminescência (PL) foram registadas a 300 K, utilizando uma lâmpada de arco de xénon de 300 W como fonte de emissão. Um fotomultiplicador Hamamatsu, juntamente com um monocromador de 1/4 m, foi utilizado como sistema de deteção. Os estudos ópticos foram realizados medindo a transmitância na região de comprimento de onda $\lambda = 300$-900 nm utilizando um espetrofotómetro (Hitachi-U3410) à temperatura ambiente. Os espectros foram registados com uma resolução de $\lambda \sim 0,07$ nm, juntamente com uma precisão fotométrica de $\pm 0,3\%$ para as medições de transmitância. Os espectros Raman foram registados utilizando o espetrómetro Renishaw inVia micro-Raman (laser de árgon de 514 nm). Os espectros foram recolhidos à temperatura ambiente em modo de focagem em linha, com uma ocular de ampliação de 50X com laser de 785 nm (50% de potência). Os dados de impedância foram registados utilizando um HIOKI 3532-50 LCR HiTESTER.

3. Resultados e discussão

3.1. Síntese e caraterização de filmes finos compósitos de PVDF impregnados com ZnO nanocristalino

3.1.1. Estudos microestruturais

A Figura 2(a) apresenta imagens FESEM de uma película de PVDF pristina não polida representativa. A textura da película não polida é suave e quase sem caraterísticas. As imagens FESEM da mesma película quando polida são mostradas nas Figuras 2(b) e 2(c). As amostras polidas tinham um aspeto mais rugoso nas superfícies superior e inferior. Isto é proporcional ao facto de que, dependendo da direção do campo elétrico durante o polimento, uma superfície das amostras polidas seria preferencialmente terminada em hidrogénio e a outra terminada em flúor. Uma vez que a dimensão atómica do flúor é muito superior à do hidrogénio, a superfície terminada em flúor indicaria uma superfície mais rugosa (Figura 2b) em comparação com a superfície terminada em hidrogénio (Figura 2c). Os traços de XRD dos filmes acima são mostrados nas inserções da Figura 2 (a) e 2 (b) para amostras não polidas e polidas (5 MV/μm), respetivamente.

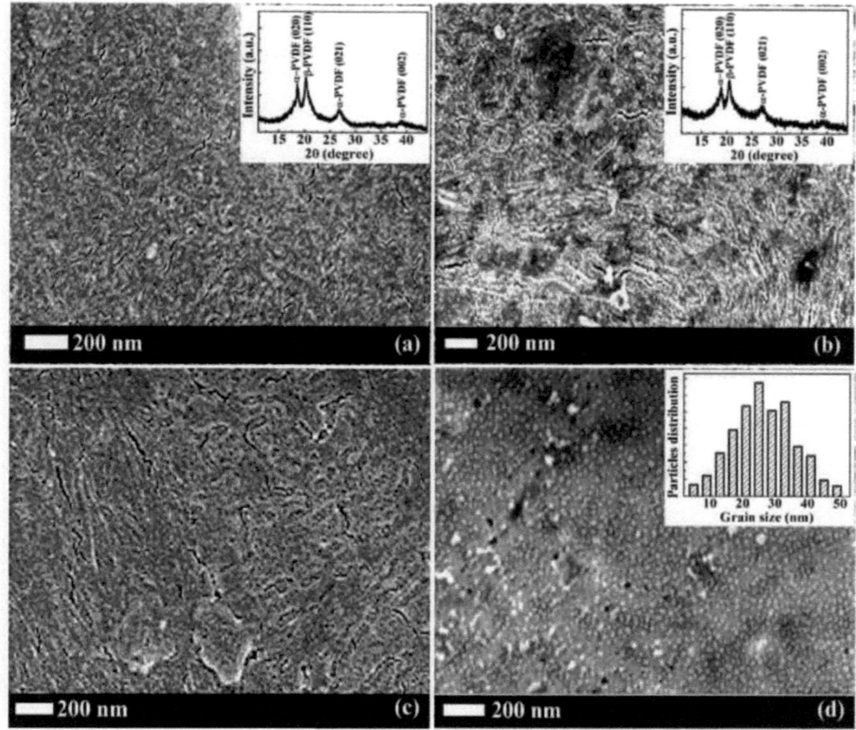

Figura 2: Fotografias FESEM de películas de PVDF pristinas: (a) sem polimento (a inserção mostra o traço XRD), (b) lado com terminação F da amostra polida (a inserção mostra o traço XRD), (c) lado com terminação H da amostra polida e (d) película de nano-ZnO fundida em substratos de vidro (a inserção mostra o histograma correspondente).

É possível apreciar a redução das intensidades relativas dos picos resultantes da α-PVDF em comparação com a β-PVDF para as amostras polidas. A aplicação de tal campo é justificada pelas conclusões de Wang et al. [24], que indicaram a necessidade de um campo elétrico positivo crítico para induzir a transição da cadeia α para a cadeia β, exigindo ~ 16 kJ/mol para a transição da cadeia acima referida. A textura da película de PVDF não polida é lisa e quase sem caraterísticas, enquanto as películas de nano ZnO fundidas apresentam uma superfície mais rugosa (Figura 2d) com nanocristais de ZnO distribuídos uniformemente no substrato de vidro. O histograma correspondente das nanopartículas de ZnO (inserção da Figura 2d) mostra uma distribuição mais ou menos estreita de grãos com tamanho entre 10 e 45 nm. Será interessante observar as alterações na morfologia das películas de PVDF após a inclusão de nano-ZnO.

As imagens FESEM das películas compósitas de PVDF:ZnO com três cargas diferentes de ZnO são mostradas na Figura 3(a), 3(c) e 3(e). Pode observar-se que as películas parecem ser compactas e que a sua rugosidade superficial aumenta com o aumento do teor de ZnO na matriz de PVDF. A textura das películas mudou de quase sem textura (Figura 2a) para uma de natureza semi-fibrosa com a inclusão de ZnO nanocristalino na matriz de PVDF (Figura 3a). Os nanocristalitos de ZnO estão dispersos aleatoriamente, com alguns paralelos à superfície, assemelhando-se a uma estrutura fibrosa. A textura das mesmas películas alterou-se quando polidas (Figura 3b, 3d e 3f). No polimento, uma superfície da matriz PVDF hospedeira seria preferencialmente terminada em flúor enquanto a outra seria terminada em hidrogénio, resultando no alinhamento dos dipolos, o que culminaria na geração de um forte campo elétrico na matriz PVDF hospedeira. Assim, os nanocristalitos de ZnO incorporados também sofreriam este campo e tenderiam a orientar-se na orientação preferida do eixo c ao longo da espessura da película de PVDF. Isto reflecte-se na textura das amostras polidas (Figura 3b). Nas amostras não polidas, os nanocristais hexagonais de ZnO são incorporados sem qualquer orientação preferencial, como é evidente pelo alinhamento aleatório do ZnO hexagonal (Figura 3a).

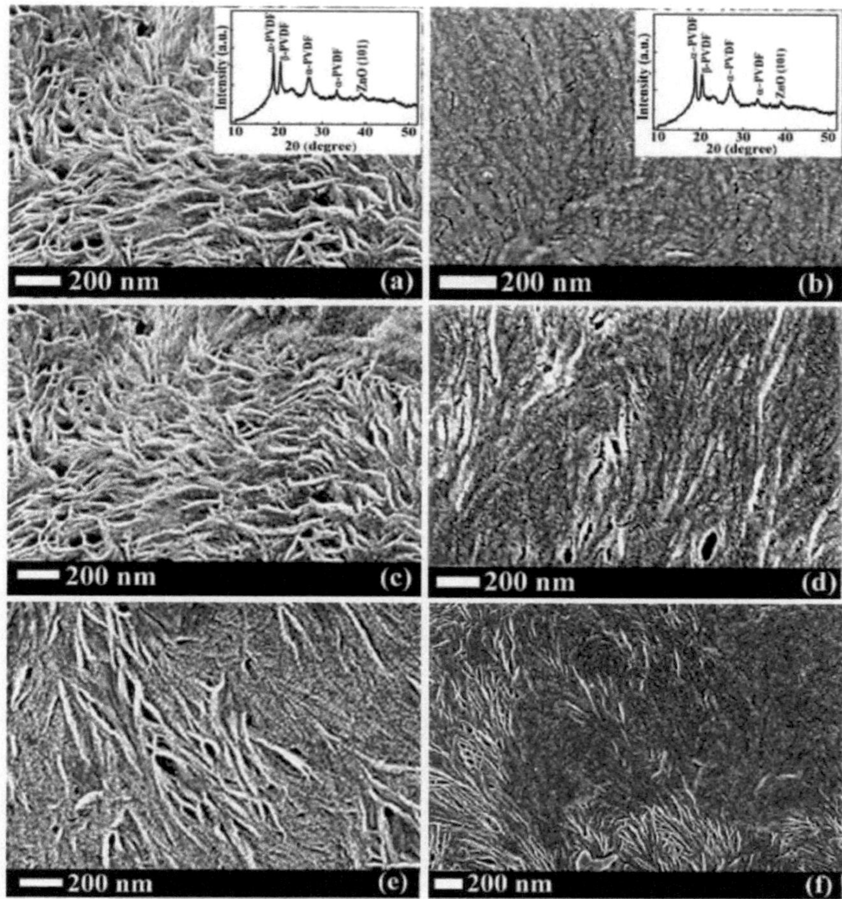

Figura 3: Imagens FESEM de três películas compósitas PVDF:ZnO representativas para amostras não polidas e polidas, respetivamente com: (a) e (b) para 8% de carga de ZnO, (c) e (d) para 10% de carga de ZnO e (e) e (f) para 12% de carga de ZnO. As inserções de (a) e (b) mostram os traços XRD correspondentes.

Os traços de XRD das amostras polidas e não polidas mostraram picos caraterísticos semelhantes. No entanto, as intensidades relativas do PVDF com fases α e β variaram. Os gráficos XRD para um filme PVDF representativo (para 8% de carga de ZnO) para condições não polidas e polidas são mostrados nas inserções da Figura 3 (a) e 3 (b), respetivamente. Ambos os traços indicam a presença das fases α e β do PVDF, juntamente com picos de ZnO hexagonal. Os picos a $2\theta \sim 18{,}6°$ e $2\theta \sim 20{,}5°$ podem ser identificados como resultantes da fase α e β do PVDF, respetivamente, enquanto o pico de baixa intensidade localizado a 2θ ~ 36,2° resulta das reflexões dos planos (101) do ZnO hexagonal. Os picos adicionais localizados a 2θ ~ 26,8° e 2θ ~ 38,8° podem ser identificados como resultantes de reflexões para α-PVDF.

3.1.2. Estudos XPS

Os espectros de levantamento geral da película de PVDF polida registados a partir das faces com terminação de hidrogénio e com terminação de flúor são apresentados nas Figuras 4(a) e 4(b), respetivamente. A inserção da Figura 4(a) mostra os espectros de levantamento geral da película de PVDF depositada.

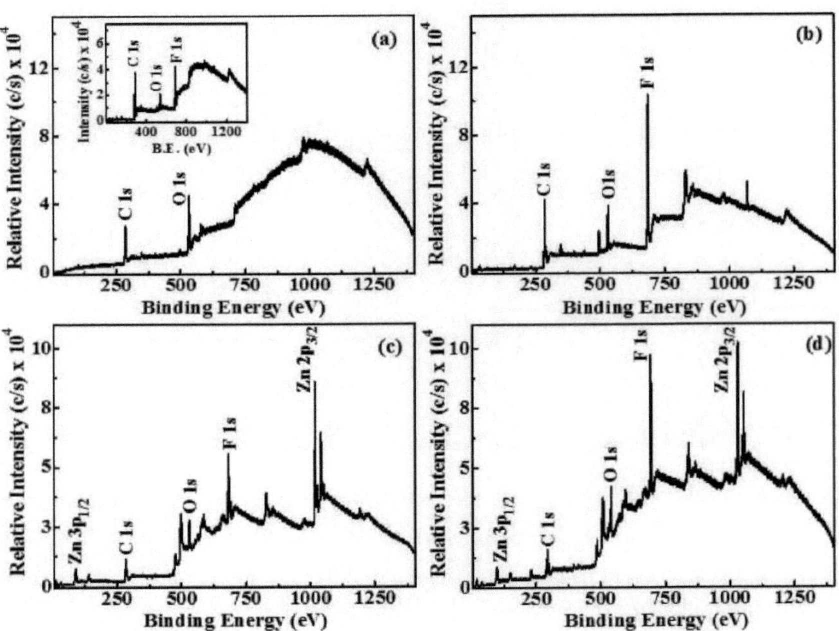

Figura 4: Espectro XPS de levantamento geral de uma película de PVDF polida pristina: (a) lado com terminação de hidrogénio (a inserção mostra o espetro XPS de levantamento geral da película de PVDF como depositada) e (b) lado com terminação de flúor. Espectros XPS de levantamento geral de uma película composta de PVDF representativa com 12% de carga de ZnO (c) polida (lado com terminação de hidrogénio) e (d) polida (lado com terminação de flúor)

A superfície de PVDF não polida apresentou dois picos principais nos componentes

288,1 eV (devido a C 1s) e 690,2 eV (devido a F 1s). Após o polimento, os espectros mostraram caraterísticas relacionadas com as superfícies terminadas em flúor e hidrogénio. Os espectros de XPS registados a partir da superfície terminada em flúor mostraram um pico muito forte (Figura 4b) a ~ 690 eV para F 1s devido a ligações C-F. Este pico apareceu como um pico muito fraco na superfície terminada em flúor. Este pico apareceu como um pico muito fraco nos espectros XPS registados do outro lado (isto é, superfície com terminação de hidrogénio) na Figura 4a. A alteração dos espectros XPS com a inclusão de nanocristalitos de ZnO no PVDF é evidente nos espectros gerais do filme compósito PVDF:ZnO polido (Figura 4c e 4d). Pode observar-se a presença de picos adicionais devidos a Zn $_{3p1/2}$ e Zn $_{2p3/2}$ juntamente com outros picos caraterísticos devidos a C 1s e O 1s para o PVDF em ambos os lados das amostras polidas (Figura 4c e 4d).

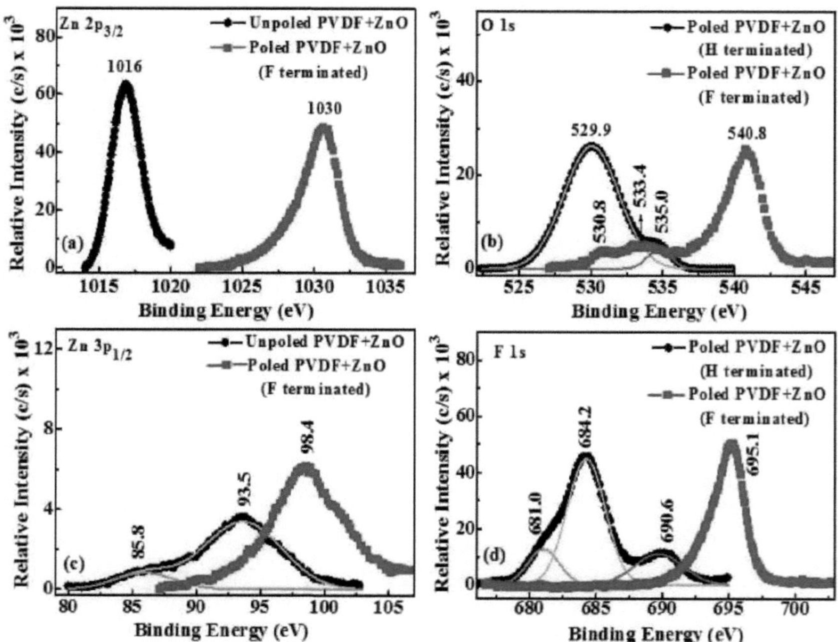

Figura 5: Espectros de nível central para amostras de PVDF:ZnO polidas e não polidas para: (a) Zn $_{2p3/2}$, (b) O 1s (c) Zn $_{3p1/2}$, e (d) F 1s

Os espectros de nível de núcleo das amostras polidas são apresentados na Figura 5. A energia de ligação do Zn $_{2p3/2}$ foi de ~ 1016 eV para as amostras de PVDF:ZnO não polidas (Figura 5a). A energia de ligação deste pico pode ser atribuída ao Zn^{2+} de uma ligação Zn-O estequiométrica. Este pico deslocou-se para um valor de energia mais elevado de ~ 1030 eV quando os espectros foram registados a partir da superfície terminada em flúor da amostra polida (Figura 5a). A modulação observada pode estar associada à presença de hidrogénio de um lado e de flúor do outro lado da amostra. Por outro lado, o pico de O 1s apresenta uma forma assimétrica para os espectros registados tanto na superfície terminada em hidrogénio como nas superfícies terminadas em flúor das amostras polidas (Figura 5b). Estes picos podem ser deconvoluídos em dois subpicos com energias de ligação de 530 eV e 535 eV. Os picos de O 1s a 530 eV e 535 eV da superfície terminada em hidrogénio (Figura 5b) podem ser atribuídos ao O^{2-} do Zn-O e ao oxigénio quimicamente adsorvido, respetivamente. Esta observação está em conformidade com as conclusões de Park et al. [58] e Liang et al. [59]. Os espectros de nível de núcleo de O 1s registados a partir da superfície terminada em flúor indicam um pico muito forte a ~ 540,8 eV juntamente com dois picos de baixa intensidade a ~ 530,8 eV e ~ 533,4 eV. Os picos de baixa intensidade podem estar relacionados com o oxigénio quimicamente adsorvido, enquanto o pico forte a ~ 540,8 eV pode ser atribuído à energia de ligação modulada de O^{2-} de Zn-O devido à presença de flúor. Os espectros de nível central de Zn $_{3p1/2}$ localizados a ~ 93,5 eV foram registados para as amostras não polidas (Figura 5c). O valor do pico deslocou-se para uma energia mais elevada (~ 98,4 eV) quando registado a partir da superfície terminada em flúor das amostras polidas. Os espectros de nível central do F 1s registados a partir da superfície com terminação de hidrogénio situavam-se a 684,2 eV, tendo passado para 695,1 eV na superfície com terminação de flúor das películas de PVDF impregnadas de ZnO (Figura 5d). Esta modulação na energia de ligação do flúor pode dever-se à presença de oxigénio nesta superfície terminada em flúor nas amostras polidas. Do mesmo modo, a superfície terminada em hidrogénio das películas polidas de PVDF:ZnO sofreria a presença simultânea de H e Zn, o que resultaria na alteração da energia de ligação de H-C-H, como é evidente na Figura 5a. A probabilidade de formação de Zn-

H não pode ser excluída na superfície terminada em hidrogénio das películas compósitas polidas de PVDF:ZnO. A observação acima significaria a presença de nanocristalitos de ZnO altamente alinhados na matriz de PVDF polido e modularia eficazmente o comportamento piezoelétrico da película composta.

3.1.3. Estudos FTIR

As diferentes formas de PVDF distinguem-se pelas ligações C-C caraterísticas ao longo da espinha dorsal da cadeia de carbono na estrutura química do PVDF. Entre as duas fases predominantes, a fase β tem todas as suas ligações C-C na conformação strans (TTTT), enquanto a fase α tem ligações s-trans e s- Gauche alternadas (TGTG). Os espectros FTIR para a amostra de PVDF não polida são apresentados na Figura 6(a).

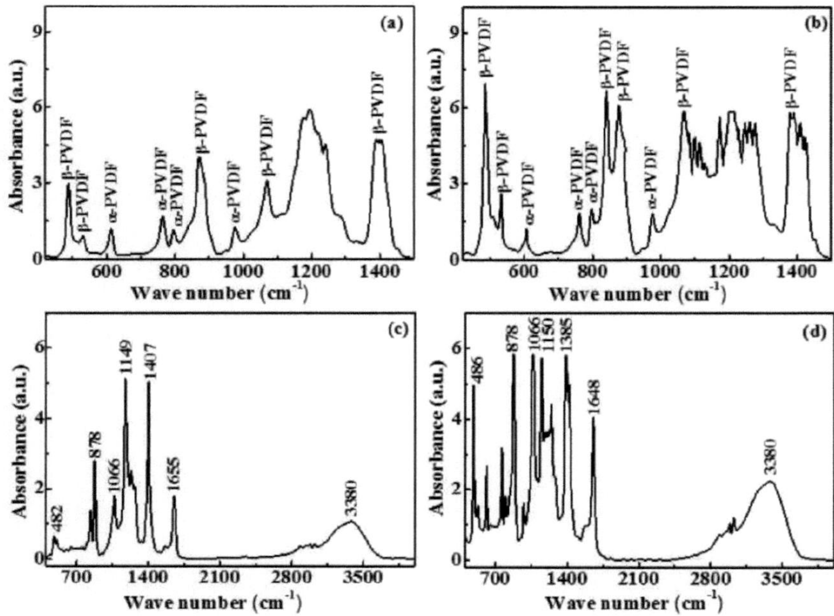

Figura 6: Espectros FTIR para: (a) filme de PVDF puro, (b) filme de PVDF polido, (c) filme composto de PVDF:ZnO não polido (12% ZnO) e (d) filme composto de PVDF:ZnO polido (12% ZnO).

O pico intenso a 1068 cm^{-1} , denominado modo ótico transversal (TO), é atribuído a

23

um estiramento assimétrico dos átomos de flúor ao longo de uma direção paralela à direção C-F para a fase β [60]. A posição dos picos da película de PVDF polida permaneceu quase inalterada (Figura 6b), com exceção das intensidades relativas dos picos associados às fases α e β. As amostras polidas apresentaram picos mais fortes associados à fase β. As bandas próximas de 1173 cm^{-1} e 1405 cm^{-1} são devidas a modos de estiramento C-F2 simétricos e assimétricos para a fase β do PVDF. A banda perto de 975 cm^{-1} é devida ao modo de estiramento C-F3. Um número de picos fracos ~ 1280 cm^{-1} pode corresponder às ligações C-F3 e CF3-CF2 do modo de estiramento CF3-Cxy para a fase α, respetivamente. As bandas fortes a 840 cm^{-1} e 877 cm^{-1} podem ser atribuídas à ligação C-C(-H2) para a fase β. Assim, o PVDF polido teria uma orientação mais forte no que diz respeito às superfícies terminadas em flúor e hidrogénio. A Figura 6(c) mostra a modulação dos espectros FTIR quando o nano-ZnO é adicionado à matriz de PVDF. Pode observar-se que o número de picos na gama 400-1500 cm^{-1} associados ao PVDF diminuiu significativamente e que apareceram picos caraterísticos adicionais devidos à incorporação de ZnO a 482 cm^{-1} . A natureza dos espectros não mostrou qualquer alteração significativa quando registada a partir da superfície da película polida com hidrogénio ou flúor. Este pico a 482 cm^{-1} deslocou-se para um número de onda superior (~ 486 cm^{-1}) após o polimento (Figura 6d). Pode notar-se aqui que Wu et al. [61] e Kleinwechter et. al. [62] observaram modos de estiramento para o ZnO a ~ 406-512 cm^{-1} . Pode observar-se a presença de um pico de baixa intensidade ~ 611 cm^{-1} devido à fase α, enquanto que dois picos fortes da fase β a ~ 878 cm^{-1} e 1066 cm^{-1} foram observados nos espectros FTIR das películas compósitas de PVDF:ZnO polidas. Os picos a ~ 1149 cm^{-1} [63] e 1648 cm^{-1} [64] podem ser identificados como sendo devidos ao estiramento normal de O-H polimérico e ao primeiro tom do modo de estiramento crucial de O-H, respetivamente. O pico a ~ 1385 cm^{-1} surge devido aos modos de vibração de flexão do CO_3^{2-} [65]. Pode observar-se a presença do pico OH- a ~ 3380 cm^{-1} tanto para as películas não polidas (Figura 6c) como para as polidas (Figura 6d), que pode ser atribuído às vibrações de estiramento O-H da água absorvida na superfície de ZnO.

3.1.4. Estudos ópticos

O efeito da adição de ZnO nanocristalino à matriz de PVDF nas propriedades ópticas foi estudado em pormenor. Os espectros de transmissão e reflectância dos filmes compósitos PVDF:ZnO depositados com três quantidades diferentes de ZnO na matriz PVDF foram registados na gama de 300-900 nm. A transmitância das películas diminuiu de 65% para 30% com o aumento da fração volumétrica de nanocristalitos de ZnO na matriz de PVDF. O coeficiente de absorção (α) foi calculado a partir dos espectros de transmissão e de reflexão acima referidos [66]. Em geral, o coeficiente de absorção (α) pode ser escrito em função da energia do fotão incidente (hv), de modo que [67]:

$$\alpha = (A/hv)\{hv - E_g\}^m \tag{1}$$

Onde A é uma constante que é diferente para diferentes transições indicadas por diferentes valores de m e E_g é o correspondente intervalo de banda.

$$\ln(\alpha hv) = \ln A + m \ln(hv - E_g) \tag{2}$$

$$\frac{d[\ln(\alpha hv)]}{d[hv]} = \frac{m}{hv - E_g} \tag{3}$$

A Eqn. (3) sugere que um gráfico de $d[\ln(\alpha hv)]/d[hv]$ versus hv indicará uma divergência em hv = E_g, a partir da qual se pode obter um valor aproximado de E_g. Uma vez encontrado um valor aproximado de E_g, usando a Eqn. (2), o valor de m pode ser facilmente calculado a partir do declive dos gráficos de $\ln(\alpha hv)$ versus $\ln(hv\text{-}E_g)$, que é mostrado na inserção da Figura 7a e 7b. Observou-se que o valor de m variou de 0,46 a 0,54 para todas as películas, indicando uma transição direta nas películas.

O intervalo de banda das amostras não polidas e polidas foi determinado extrapolando a parte linear do gráfico de $(\alpha hv)^2$ versus hv para $(\alpha hv)^2 = 0$ (Figura 7a e 7b). Os valores de E_g de todas as películas compósitas de PVDF:ZnO foram avaliados como acima e são apresentados na Tabela-I. A tabela mostra que o intervalo de banda diminuiu de 3,91 eV para 3,48 eV (para PVDF:ZnO polido) e de 3,92 eV para 3,88 eV (para

PVDF:ZnO não polido) à medida que a incorporação de nanocristalitos de ZnO nas películas compósitas aumentou. Pode observar-se uma redução significativa do intervalo de banda do PVDF:ZnO polido com o teor mais elevado de ZnO. O intervalo de banda foi muito próximo do do ZnO em massa (3,3 eV). Acredita-se que esta redução seja auxiliada pelo alinhamento do ZnO na direção polida com o aumento da carga (como nanocristais de ZnO alinhados) na matriz de PVDF.

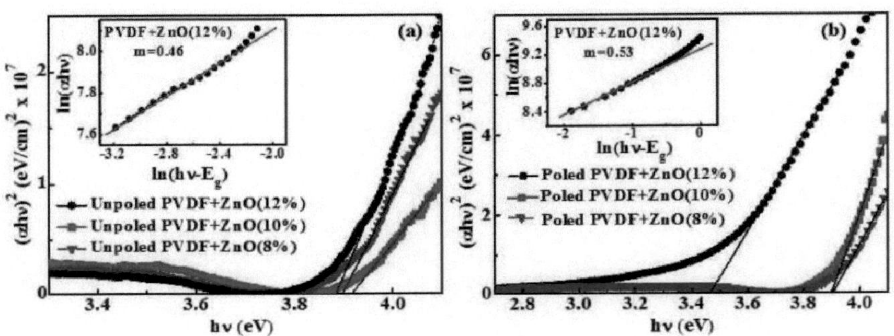

Figura 7: Gráficos de (αhv)² versus hv para (a) a película composta de PVDF:ZnO não polida e (b) a película composta de PVDF:ZnO polida com três cargas diferentes de ZnO. Inserções: gráficos de ln (αhv) vs ln (hv-Eg).

As propriedades ópticas de películas finas de nanocompósitos de PVDF:ZnO crescidos em solução foram investigadas por Indolia et al. [68]. A diminuição observada do intervalo ótico dos nanocompósitos com a adição de nanopartículas de ZnO foi correlacionada com a diminuição da desordem na rede. O intervalo de banda direta diminuiu de 5,66 eV para 4,95 eV à medida que a carga de ZnO foi aumentada de 0 para 9 wt%. Estes valores são bastante mais elevados do que os observados nesta medição. Devi et al. [31] indicaram que o intervalo de banda era bastante independente da concentração de nanopartículas de ZnO nos compósitos de PVDF e filmes de nano-ZnO preparados pelo método de fundição em solução.

A determinação simultânea da espessura (d) da película fina e do seu índice de refração complexo (η = n + ik, em que n= índice de refração e k = coeficiente de extinção) é bastante difícil experimentalmente na maioria dos casos práticos e, em especial, quando os espectros de transmitância de uma película não indicam as franjas de interferência necessárias para a determinação da espessura. Este facto tornaria a determinação das constantes ópticas difícil e incerta. Calculámos os valores da espessura, do índice de refração e do coeficiente de extinção das películas aqui depositadas utilizando a abordagem da teoria KK modificada dada por Xue et. al.[69]. Ultrapassando as dificuldades de cálculo simultâneo dos parâmetros ópticos de uma película fina transparente juntamente com a sua espessura [70], foram calculados os valores da parte real do índice de refração (n) e do coeficiente de extinção (k). As partes real e complexa da constante dieléctrica (ε_1 e ε_2, respetivamente) podem ser calculadas utilizando as relações [71]:

$$\varepsilon_1 = n^2(\lambda) - k^2(\lambda) \tag{4}$$

$$\varepsilon_2 = 2n(\lambda)k(\lambda) \tag{5}$$

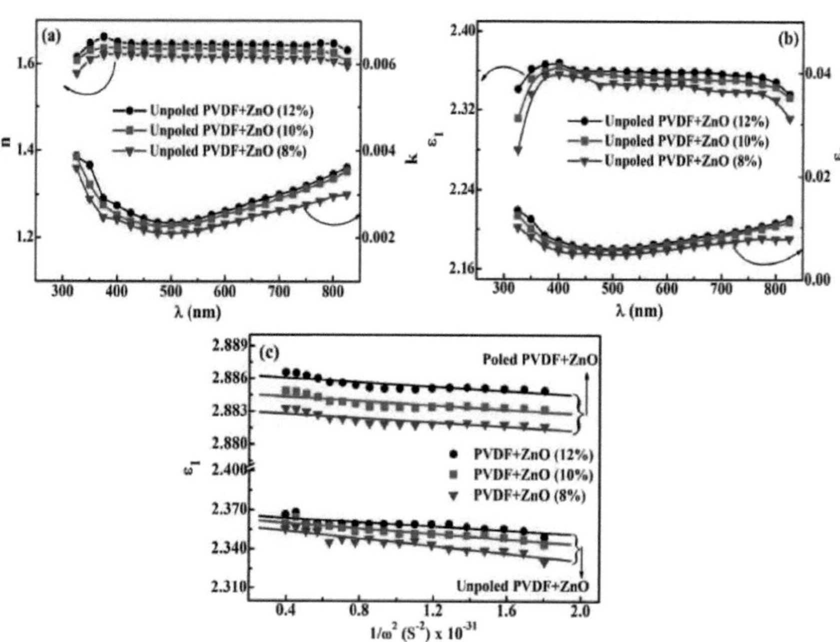

Figura 8: Variação de: (a) n e k, (b) ε1 e ε2 com o comprimento de onda (λ) para o filme compósito PVDF:ZnO e (c) Gráficos de ε1 vs. 1/ω² para diferentes filmes compósitos polidos e não polidos.

A Figura 8(a) mostra a variação do índice de refração (n) e do coeficiente de extinção (k) com o comprimento de onda (λ), enquanto a Figura 8(b) mostra a variação de ε1 e ε2 com o comprimento de onda (λ) para películas compostas de PVDF:ZnO não polidas apenas com diferentes cargas de ZnO. Não observámos qualquer alteração significativa nos valores das quantidades acima referidas para as películas polidas, exceto o facto de as películas polidas indicarem valores ligeiramente mais elevados. É de notar aqui que as películas se tornaram mais densas com o aumento da incorporação de ZnO na matriz de PVDF (Figura 8a). Os índices de refração (n) variaram entre 1,69 e 1,71 na gama de comprimentos de onda medida de 300-850 nm. O coeficiente de extinção das películas ricas em ZnO também se revelou mais elevado. As variações de ε1 e ε2 com λ para as películas compostas de PVDF:ZnO não polidas são apresentadas na Figura 8b. Tanto os valores de ε1 como de ε2 aumentaram com o aumento do teor de ZnO na matriz de PVDF para as amostras não polidas e polidas. As amostras polidas indicaram valores significativamente maiores para $\varepsilon 1$ e $\varepsilon 2$. Isto deve-se basicamente ao alinhamento dos nanocristais de ZnO na matriz hospedeira de PVDF após o polimento. Espera-se que, após o polimento, a matriz hospedeira de PVDF, de acordo com a sua estrutura química, torne uma das suas superfícies terminada em flúor e a outra terminada em hidrogénio, resultando no alinhamento dos dipolos. Isto culminaria num forte campo elétrico no interior da matriz PVDF hospedeira. Nesse caso, os nanocristais de ZnO incorporados tenderiam também a orientar-se na sua orientação preferencial do eixo c ao longo da espessura da película de PVDF, resultando num aumento adicional dos momentos de dipolo nas películas compósitas.

A variação de ε1 com a energia do fotão incidente depende da frequência do plasma ωp e pode ser expressa como [72]:

$$\varepsilon_1 = \varepsilon_\infty - \varepsilon_\infty \omega_p^2 / \omega^2 \tag{6}$$

Onde, ε_∞ é o valor limite da constante dieléctrica de alta frequência. A Figura 8(c) mostra a variação de ε1 com o inverso do quadrado da frequência ($1/\omega^2$) da radiação incidente para todos os filmes compósitos de PVDF:ZnO não polidos e polidos aqui estudados. Os valores de ωp e ε_∞ foram determinados a partir do declive e da interceção da parte linear dos gráficos ε1 vs. $1/\omega^2$ (Figura 8c) e são apresentados na Tabela-I. O valor de ε_∞ determinado como acima para filmes nanocompósitos de PVDF:ZnO variou entre 2,36 e 2,88. Pode ser notado aqui que o valor de ε_∞ para o filme não polido foi menor do que o valor em massa ~ 3,75 [72] de ZnO. O valor da frequência de plasma, ω_p, obtido como acima foi maior para filmes ricos em ZnO. A frequência de plasma para as amostras polidas foi uma ordem inferior à das amostras não polidas (Tabela-I).

Num semicondutor, a concentração de portadores (N) varia de acordo com o quadrado da frequência do plasma (ω_p) e temos [73]:

$$\omega_p^2 = 4pN\,e^2/m e^* \varepsilon_\infty \tag{7}$$

Assim, se N for conhecido, a massa efectiva dos portadores de carga, m_{e^*}, pode ser determinada a partir de ωp e vice-versa. Agora, sabemos que o band gap (E_g) que está relacionado com a massa efectiva como [72]:

$$1/m^* = 1 + p^2/2mE_g \tag{8}$$

Onde $m^* = m_{e^*}/m$, m é a massa do eletrão livre e $p = \hbar G$, sendo G o vetor recíproco mais pequeno da rede. Além disso, p está relacionado com 'a' como $p \sim \hbar/a$, 'a' sendo a constante de rede. Assim, usando os valores experimentais de E_g e o valor em massa da constante de rede (a), o valor de m_{e^*} foi estimado em ~ 0,183 m_e. Usando os valores acima de ωp e m_{e^*}, o valor da concentração de portadores (N) foi estimado a partir da Eqn. (7). Assim, os valores estimados da concentração de portador são apresentados na Tabela-I.

Tabela I: Diferentes parâmetros ópticos calculados para as películas compósitas de PVDF:ZnO:

Film	Eg (eV)	ε_∞	N x 10^{17} (cm^{-3})	n (at 350 nm)	ω_p x 10^{14} (S^{-1})
Unpoled PVDF:ZnO (8%)	3.92	2.36	9.42	1.61	2.47
Unpoled PVDF:ZnO (10%)	3.91	2.36	6.78	1.63	2.09
Unpoled PVDF:ZnO (12%)	3.88	2.36	5.24	1.65	1.84
Poled PVDF:ZnO (8%)	3.91	2.88	6.85	1.70	6.03
Poled PVDF:ZnO (10%)	3.88	2.88	6.84	1.70	6.03
Poled PVDF:ZnO (12%)	3.48	2.88	6.84	1.70	6.03

3.1.5. Estudos de fotoluminescência

As medições de fotoluminescência (PL) foram registadas a 300 K com excitação a ~ 300 nm de radiação para detetar picos de PL na gama de 350-450 nm. Os espectros de PL registados como acima para películas compostas de PVDF:ZnO polidas e não polidas eram semelhantes e um espetro representativo de uma amostra polida é apresentado na Figura 9(a). Pode observar-se que o espetro PL das películas compósitas de nano-PVDF:ZnO indica um pico forte apenas a ~ 3,24 eV. Para efeitos de comparação, uma película virgem de ZnO foi fundida por spin cast num substrato de quartzo (sílica fundida) e o espetro de PL foi registado. O espetro de PL da película virgem de ZnO também indicou um pico forte a ~ 3,23 eV (Figura 9b). Os intervalos de banda das películas compostas de PVDF:ZnO registados neste estudo foram de ~ 3,88 eV a 3,91 eV. Estes valores são superiores ao valor global de 3,23 eV para o ZnO, o que indica um efeito de confinamento quântico devido aos cristalitos nanométricos que constituem o desvio para azul do intervalo de banda. A imagem FESEM da película de ZnO é mostrada na Figura 2(d), que indica um tamanho médio de cristalito de ~ 7 nm. No nosso estudo, a energia do fotão da emissão UV a ~ 3,24 eV é inferior ao intervalo de banda medido (3,88 eV). Esta forte banda de emissão ultravioleta registada a cerca de 383 nm (~ 3,24 eV) pode ser atribuída à recombinação e emissão do excitão livre através de um processo de colisão excitão-excitão [74].

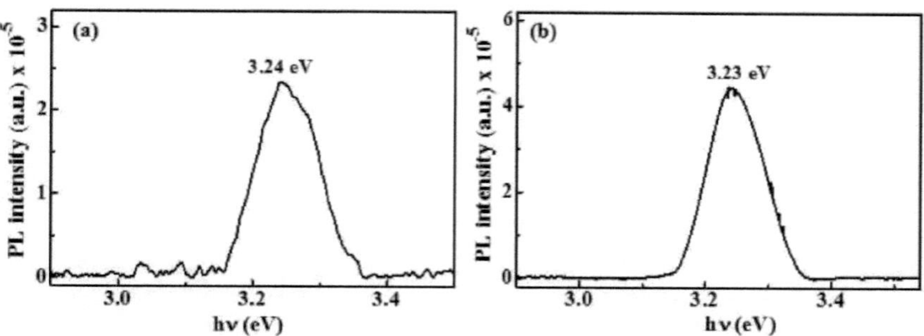

Figura 9: Espectros PL de: (a) película composta de PVDF:ZnO polida (12%) e (b) película de ZnO sobre quartzo (sílica fundida).

3.1.6. Espectroscopia de impedância

A resposta colectiva do processo de polarização microscópica sob um campo elétrico alternado externo seria reflectida a partir da análise da impedância. A dispersão de frequências ou o relaxamento dielétrico seriam observados devido a diferentes mecanismos de polarização presentes num material dielétrico. A variação da impedância e da constante dieléctrica da película de PVDF não polarizada e polarizada aqui depositada é mostrada na Figura 10(a) e 10(b), respetivamente. Pode observar-se que a impedância diminui e a constante dieléctrica aumenta significativamente quando as películas de PVDF são polidas. A impedância e as constantes dieléctricas diminuíram rapidamente para as amostras polidas com o aumento da frequência, em comparação com as amostras não polidas. A rápida queda da constante dieléctrica (ε_t) com o aumento da frequência indica que a polarização da carga espacial contribuiria significativamente para a polarização total observada nas películas polidas. A polarização da carga espacial (polarização interfacial) surgiria sempre que fases de diferentes condutividades estivessem presentes no mesmo material. Assim, na presença de um campo elétrico, as cargas mover-se-iam através de uma fase condutora, mas seriam interrompidas quando se deparassem com uma fase de elevada resistividade. Isto conduziria a uma acumulação de carga na interface, que se manifestaria como uma polarização melhorada. Estas cargas acumuladas não podem seguir rapidamente o campo aplicado a altas frequências e, por conseguinte, a perda resultante.

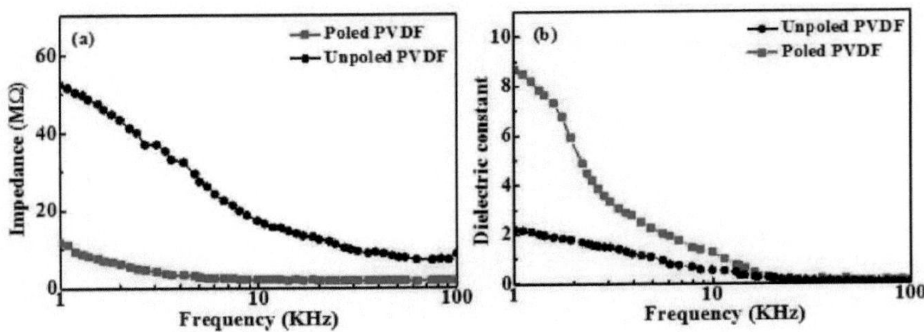

Figura 10: (a) e (b): Espectro de impedância e constante dieléctrica versus gráficos de frequência da película de PVDF pristina para amostras polidas e não polidas

A alteração dos espectros de impedância da película de PVDF com a carga de ZnO é visível na Figura 11(a) e 11(b), respetivamente para as películas compósitas de PVDF:ZnO não polidas e polidas. As películas de PVDF impregnadas de ZnO apresentaram um valor de impedância mais baixo com a carga de ZnO, tanto para as películas não polidas como para as polidas. O valor dielétrico manteve-se semelhante para as películas não polidas (Figura 11c). Mas um aumento significativo (mais de 10 vezes) na constante dielétrica dos filmes pode ser observado (Figura 11d) quando polidos. Isto deve-se basicamente ao alinhamento dos nanocristais de ZnO na matriz hospedeira de PVDF após o polimento, o que foi comprovado por estudos de XPS (discutidos na secção anterior). O resultado mostra que a constante dieléctrica em qualquer frequência aumenta com o polimento. Este aumento deve-se à transferência de electrões induzida pelo polimento, semelhante à polarização eléctrica, que permite a acumulação de mais portadores nos eléctrodos durante a medição da impedância. O aumento é mais significativo para cargas mais baixas de ZnO e a alteração torna-se insignificante quando a carga de ZnO é aumentada significativamente. Esta observação pode ser entendida a partir das seguintes considerações.

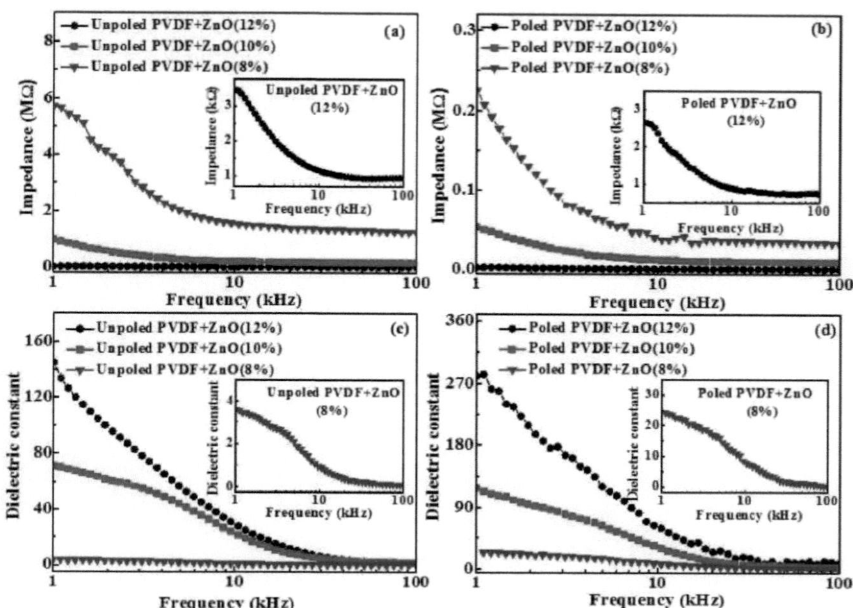

Figura 11: (a) e (c): Espectro de impedância e constante dieléctrica versus gráficos de frequência das películas compósitas de PVDF:ZnO não polidas e depositadas; (b) e (d): Espectro de impedância e constante dieléctrica versus frequência dos correspondentes filmes compósitos de PVDF:ZnO polidos.

Quando a fração de volume é pequena, as nanopartículas semicondutoras de ZnO formam pequenas ilhas isoladas na matriz isolante (PVDF). A condutividade seria activada. Mas, com o aumento da fração volumétrica de ZnO nanocristalino, as ilhas tornar-se-iam maiores, numerosas e comparáveis ao meio isolante que separa dois nanocristalitos adjacentes. Isto culminaria na redução da energia de ativação. No primeiro caso, a contribuição para a condutividade eléctrica viria da percolação ao longo do labirinto semicondutor e do tunelamento de electrões entre as ilhas isoladas (sítios de ZnO). Com uma maior diminuição da densidade numérica dos nanocristalitos de ZnO (ou seja, da fração volumétrica do material de enchimento), a densidade dos canais de percolação seria reduzida. Ora, como a condutividade depende da densidade dos caminhos de percolação e da resistência oferecida pelos diferentes caminhos, a condutividade diminuiria (e, por conseguinte, a impedância aumentaria) nestes sistemas com a diminuição da carga de nanocristalitos de ZnO. O aumento da impedância com uma carga mais baixa de ZnO é o mais significativo. Com uma carga mais elevada de nanocristalitos de ZnO, a alteração da impedância torna-se insignificante devido ao aumento da densidade dos caminhos de percolação. Assim, o compósito experimentaria a existência de mais caminhos condutores, o que culminaria na redução drástica do comportamento dielétrico. Assim, a variação observada da impedância e da constante diléctrica pode ser atribuída ao aumento da densidade numérica dos nanocristais de ZnO que seriam

suficiente para ultrapassar o limite do limiar de percolação.

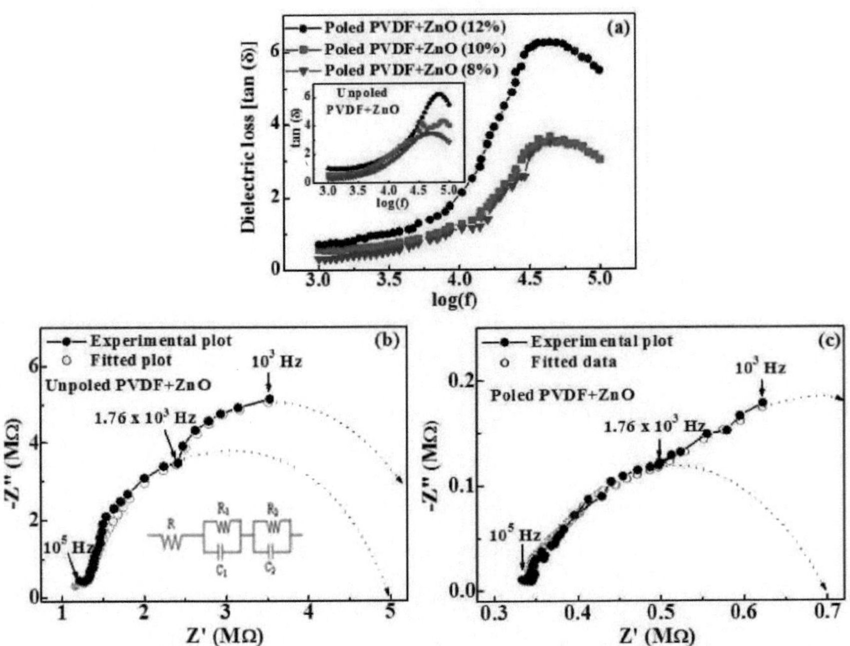

Figura 12: Variação da perda diléctrica com o logaritmo da frequência (log f) de: (a) películas compostas de PVDF:ZnO polidas (a inserção é para a amostra não polida). Pontos de dados experimentais e teoricamente ajustados com o modelo de circuito elétrico equivalente (inset) de gráficos cole-cole para: (b) filme compósito PVDF:ZnO não polido representativo e (c) filme compósito PVDF:ZnO polido com 8% de carga de ZnO.

A Figura 12(a) e a parte superior da Figura 12(a) ilustram a variação da perda dieléctrica ($\tan(\delta) = -Z'/Z''$) com as frequências (log f) para as películas compósitas de PVDF:ZnO polidas e não polidas, respetivamente. A perda dieléctrica é mais baixa a baixas frequências e depois aumenta acentuadamente com a frequência, atingindo o pico de perda a ~ 48-50 KHz para as amostras polidas e não polidas. Isto indica um comportamento normal de um material dielétrico. A diminuição das constantes dieléctricas na região de frequências mais elevadas pode dever-se ao facto de os dipolos não conseguirem acompanhar a variação rápida do campo aplicado. Os valores mais elevados da constante dieléctrica e da perda dieléctrica a frequências mais baixas podem dever-se à contribuição de todos os três tipos de polarizações (carga espacial, dipolo e polarização eletrónica), mas a frequências mais elevadas, apenas o dipolo e a polarização eletrónica contribuiriam significativamente. Em geral, o elevado valor da constante dieléctrica a baixas frequências é atribuído à polarização interfacial de dipolos devido ao movimento localizado dos nanocristais de ZnO na matriz de PVDF. A diminuição da constante dieléctrica e da perda dieléctrica, com o aumento da frequência, significaria uma diminuição da resposta dos dipolos de nano-ZnO. Com o aumento da frequência, os dipolos não seriam capazes de se adaptar à rápida variação do campo aplicado e, por conseguinte, resultariam numa resposta reduzida.

A impedância real e complexa do dispositivo em função da frequência de ensaio foi registada na gama de frequências de 10^3 e 10^5 Hz. Os gráficos do plano complexo $(Z'$ versus $Z'')$, ou seja, os gráficos de Cole-Cole para uma película composta de PVDF:ZnO não polida e polida, são apresentados na Figura 12(b) e 12(c), respetivamente. O comportamento de todas as películas compósitas de PVDF:ZnO foi praticamente idêntico. A natureza das parcelas de Cole-Cole (Figuras 12b e 12c) pode ser vista como se desviando significativamente da de um arco semicircular de impedância. Pode observar-se que estes gráficos tendem a apresentar uma natureza semicircular antes de divergirem após uma frequência de 1,76 x 10^3 Hz. Isto pode dever-se ao mecanismo de condução ativado que intervém no processo de condução de electrões destas películas compósitas de PVDF:ZnO, uma vez que a representação deste sistema por um circuito equivalente simples com uma combinação paralela de uma resistência (R) e um condensador (C) pode não ser aplicável na sua totalidade.

Assim, será prudente procurar o circuito equivalente mais adequado que possa representar as propriedades eléctricas destas amostras. Poder-se-á modelar as propriedades de impedância, o que simplificaria essencialmente o processo de caraterização.

3.1.6.1. Modelação das propriedades de impedância eléctrica

A identificação do circuito equivalente mais adequado para representar as propriedades eléctricas de uma amostra simplifica a caraterização das suas propriedades. No entanto, a escolha do circuito equivalente mais adequado pode ser difícil. Isto deve-se basicamente ao facto de, normalmente, poder ser utilizado mais do que um circuito para representar um determinado espetro de impedância de um material compósito como o que está a ser considerado. Além disso, não existem critérios bem aceites para decidir quais os circuitos mais adequados [75] para descrever o comportamento da impedância. As inserções da Figura 12(b) e 12(c) ilustram o modelo de impedância eléctrica proposto e utilizado neste estudo.

Para ajustar um tal gráfico de Cole-Cole constituído por dois semicírculos sobrepostos, este modelo simples [R($R1C1$)($R2C2$)] contendo uma resistência R em série com um sistema R1C1 (resistência R1 em paralelo com o condensador c_1) em série com um segundo sistema R2C2 (resistência R_2 em paralelo com o condensador c_2) foi considerado um modelo viável. Este modelo será incomensurável com a presença de dois tipos de polarização. As Figuras 12(b) e 12(c) mostram pontos de dados experimentais e teóricos calculados utilizando o modelo proposto acima. Pode observar-se que os gráficos Cole-Cole de um filme compósito PVDF:ZnO representativo com uma carga de 8% de ZnO para um filme não polarizado (Figura 12b) e um filme polarizado (Figura 12c) podem ser descritos bastante bem pelo modelo acima proposto. O desvio de um semicírculo para outro começa a uma frequência de $1,76 \times 10^3$ Hz para os tipos de amostras.

A impedância total do circuito equivalente (inserção das Figuras 12b e 12c) pode ser descritos pelas seguintes equações. O subscrito dos parâmetros refere-se ao número de elementos nos circuitos do modelo proposto. A impedância total Z:

$$Z = R + \frac{R_1/j\omega C_1}{R_1 + 1/j\omega C_1} + \frac{R_2/j\omega C_2}{R_2 + 1/j\omega C_2} \tag{9}$$

Separação das partes real e imaginária de Z:

$$Z = Z' + jZ'' \tag{10}$$

Z' e Z'' são as partes real e imaginária da impedância, respetivamente.

$$Z' = R + \frac{R_1}{(1 + \omega^2 C_1^2 R_1^2)} + \frac{R_2}{(1 + \omega^2 C_2^2 R_2^2)} \tag{11}$$

$$Z'' = -\omega\left[\frac{C_1 R_1^2}{(1 + \omega^2 C_1^2 R_1^2)} + \frac{C_2 R_2^2}{(1 + \omega^2 C_2^2 R_2^2)}\right] \tag{12}$$

Onde, R, C são a resistência e a capacitância, respetivamente; $j = \sqrt{-1}$; $\omega = 2\pi f$; f é a frequência linear. A natureza acima do circuito equivalente é compatível com a discutida na modelagem. Este modelo é um modelo em série e a impedância total (Z) pode ser expressa como Z _ Z' I /Z''. Z' e Z'' podem ser expressos como:

$$Z' = R_{eq} \tag{13}$$

$$Z'' = -(1/\omega C_{eq}). \tag{14}$$

Onde, R_{eq} e C_{eq} são a resistência equivalente e a capacitância equivalente do circuito, respetivamente. Então, a perda dieléctrica $(\tan(\delta))$ [76] deste circuito em série pode ser expressa como:

$$\tan(\delta) = -Z'/Z'' = 2\pi f R_{eq} C_{eq} \tag{15}$$

Assim, a capacitância equivalente representaria a capacitância medida em várias frequências durante a medição. Este circuito proposto contém um elemento de resistência (R) que domina a impedância a altas frequências. Os valores dos diferentes parâmetros obtidos a partir do melhor ajuste do modelo proposto são apresentados na Tabela-II. Pode observar-se que os valores de C_1 e C_2 são significativamente mais elevados para as amostras polidas, uma vez que a constante dieléctrica apresenta um aumento significativo para as amostras polidas, o que resulta num aumento significativo da constante de tempo para as amostras polidas. Esta grande diminuição da resistência do dispositivo após o polimento pode ser atribuída ao bom alinhamento dos diploides piezoeléctricos nas películas compostas de PVDF:ZnO. A natureza do circuito equivalente acima descrita está de acordo com o que foi discutido na modelação.

Tabela-II: Os parâmetros do circuito modelo [R(R_1C_1)(R_2C_2)] ajustados aos espectros de impedância eléctrica para as películas de PVDF-ZnO:

Film	R (MΩ)	R_1 (MΩ)	R_2 (MΩ)	C_1 (pF)	C_2 (pF)	R_1C_1 (m-sec)	R_2C_2 (m-sec)
Unpoled PVDF:ZnO(8%)	0.99	13.92	0.35	25.91	9.29	0.360	0.003
Poled PVDF:ZnO(8%)	0.33	0.79	0.28	258.00	53.10	0.210	0.015

3.2. Síntese e caraterização de filmes finos compósitos de PVDF impregnados com CdS nanocristalino

3.2.1. Estudos microestruturais

As imagens FESEM de três películas compósitas PVDF:CdS representativas com três cargas diferentes de CdS são mostradas na Figura 13(a), 13(b) e 13(c).

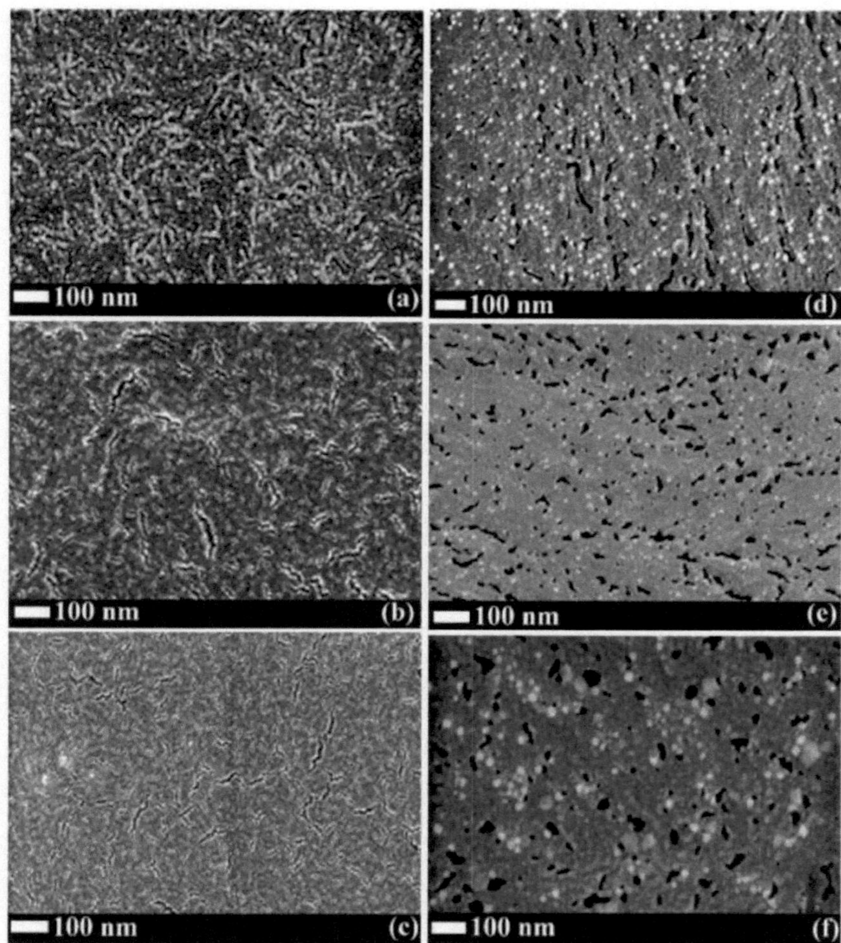

Figura 13: Imagens FESEM de películas compósitas de PVDF:CdS não polidas com: (a) 3,5%, (b) 5,5% e (c) 7,5% de carga de CdS. (d), (e) e (f) mostram as películas correspondentes quando polidas a 5MV/m.

Em comparação com as películas de PVDF pristinas, a textura da película de PVDF pristina não polida é mais suave, como se pode ver na Figura 2a, e apresenta caraterísticas fibrosas, enquanto as amostras polidas apresentam uma superfície mais rugosa, como se pode ver nas Figuras 2b e 2c. Com a incorporação de nanocristais de CdS, pode observar-se que as películas se tornam mais compactas e a sua rugosidade

39

superficial aumenta com o aumento do teor de CdS na matriz de PVDF. A textura das películas mudou de natureza semi-fibrosa para granular com o aumento do teor de CdS nas películas compósitas (Figura 13c). Os nanocristalitos de CdS estão geralmente dispersos paralelamente à superfície, assemelhando-se a uma estrutura fibrosa. As micrografias das mesmas películas, quando polidas, são mostradas nas Figuras 13(d), 13(e) e 13(f), respetivamente. São visíveis as alterações na microestrutura em relação às películas compósitas de PVDF:CdS pristinas não polidas e polidas.

As propriedades piezo-eléctricas existem geralmente em materiais não-centrossimétricos. Os polímeros são polarizados para quebrar a centrossimetria. A polarização resultante é causada pela orientação de dipolos e/ou domínios e pela acumulação de camadas carregadas em materiais poliméricos heterogéneos. Um campo elétrico suficientemente elevado aplicado entre as superfícies de uma película de polímero inicia a orientação do dipolo no material. No caso das películas de PVDF, os átomos de hidrogénio e de flúor estão ligados aleatoriamente aos átomos de carbono do PVDF, o que resulta na ausência de um momento de dipolo líquido na película depositada. Com a aplicação de um campo elétrico através da película de PVDF, os átomos positivos de hidrogénio seriam orientados para o lado negativo do campo elétrico e repelidos do lado positivo do campo elétrico. Por outro lado, os átomos negativos de flúor seriam atraídos para o lado positivo do campo elétrico e repelidos do lado negativo do campo elétrico. Assim, os átomos de hidrogénio, que têm uma carga líquida positiva, e os átomos de flúor, que têm uma carga líquida negativa, acabariam em lados opostos da película. Isto criaria uma direção de pólo, que seria dirigida para o topo ou para a base da película. Assim, com o polimento, espera-se que a matriz hospedeira de PVDF, de acordo com a sua estrutura química, torne uma das suas superfícies terminada em flúor e a outra terminada em hidrogénio, resultando no alinhamento dos dipolos. Isto geraria um forte campo elétrico no interior da matriz PVDF hospedeira. Nesse caso, os cristalitos nanocristalinos de CdS incorporados tenderiam também a orientar-se na sua orientação preferencial do eixo c ao longo da espessura da película de PVDF. Isto reflecte-se nas microestruturas das amostras polidas, como se mostra nas Figuras 13(d), 13(e) e 13(f), onde se vê que os nanocristais de CdS altamente orientados estão embebidos numa matriz de PVDF flexível e de pé livre. As pontas dos nanocristais hexagonais de CdS aparecem como pontos nas imagens FESEM (13d-f) das amostras polidas. Nas amostras não polidas, os nanocristais hexagonais de CdS são incorporados sem qualquer orientação preferencial, como é evidente pelo alinhamento aleatório do CdS hexagonal (Figura 13a).

3.2.2. Estudos de XRD

Os traços de XRD de amostras representativas não polidas e polidas para 3,5% de carga de CdS são mostrados na Figura 14(a) e 14(b), respetivamente. O traço de XRD para películas compósitas de PVDF:CdS não polidas indica a presença das fases α e β do PVDF juntamente com picos de CdS hexagonal. Os picos localizados a $2\theta \sim 18,2°$ e $2\theta \sim 26,8°$ podem ser identificados como resultantes da fase α-PVDF. O pico localizado em $2\theta \sim 20,2°$ corresponde à fase β do PVDF, enquanto os picos em $2\theta \sim 44,1°$ e $2\theta \sim 51,5°$ resultam das reflexões dos planos (110) e (112), respetivamente, do CdS hexagonal [77]. Pode notar-se aqui que ambos os traços de XRD indicaram as caraterísticas de volume do material compósito sem refletir quaisquer caraterísticas específicas da superfície. Isto deve-se ao facto de a profundidade de penetração dos raios X penetrar no volume total das películas compósitas. Se olharmos para o traço de XRD da mesma película polida (Figura 14b), podemos observar que as intensidades dos picos de XRD aumentaram significativamente. A intensidade de α-PVDF em $2\theta \sim 18,2°$ diminuiu significativamente, enquanto a intensidade do pico da fase β localizado em $2\theta \sim 20,2°$ aumentou significativamente. Os picos para o CdS em $2\theta \sim 44,1°$ e $2\theta \sim 51,5°$ para reflexões dos planos (110) e (112) tornaram-se mais fortes e intensos.

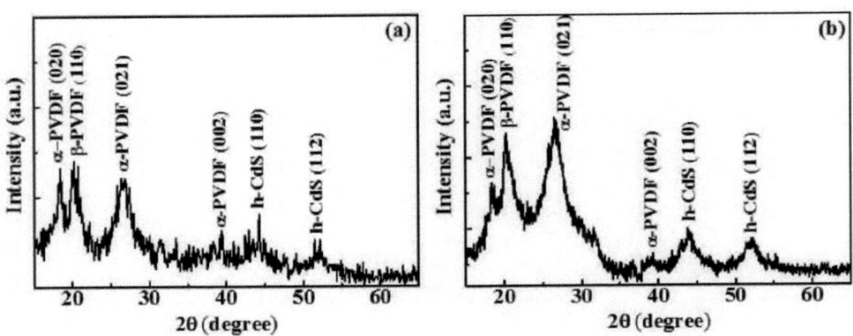

Figura 14: Traço XRD de um filme compósito PVDF:CdS representativo com 3,5% de carga de CdS para: (a) filme não polido e (b) filme polido.

3.2.3. Estudos XPS

Sabe-se que a película de PVDF, quando polida, torna uma superfície com terminação de hidrogénio e a outra com terminação de flúor. Os espectros XPS registados a partir da superfície com terminação de flúor da amostra de PVDF polida pristina (Figura 4b) mostram um pico muito forte para F 1s a ~ 690 eV devido a ligações C-F. Este pico é muito fraco nos espectros XPS registados a partir do outro lado (ou seja, a superfície com terminação de hidrogénio). Este pico é muito fraco nos espectros XPS registados do outro lado (isto é, superfície com terminação de hidrogénio), como se mostra na Figura 4a. Agora, quando o CdS nanocristalino é incorporado na matriz de PVDF, seria de esperar uma alteração nos espectros de XPS. As imagens gerais das superfícies terminadas em hidrogénio e terminadas em flúor do filme compósito PVDF:CdS, mostradas nas Figuras 15(a) e 15(b), respetivamente, indicam a modulação das energias de ligação após a inclusão do CdS. A posição do F 1s deslocou-se para 683eV. Pode observar-se a presença de picos adicionais (Figura 15b) que surgem a ~ 409eV devido ao Cd 3d, juntamente com outros picos caraterísticos devidos ao C 1s e ao O 1s. As intensidades relativas dos picos de F 1s e C 1s mudam drasticamente nas duas superfícies. A intensidade do pico de F 1s é muito forte (Figura 15b) na superfície com terminação de flúor, em comparação com a do C 1s, enquanto a intensidade do pico de F 1s diminui significativamente na superfície com terminação de hidrogénio (Figura 15a). A energia de ligação do pico F 1s deslocou-se para 683eV na superfície terminada em flúor para as películas de PVDF impregnadas de CdS (Figura 15b) devido à presença de enxofre nas amostras polidas. Do mesmo modo, a superfície com terminação em hidrogénio das películas de PVDF:CdS polidas sofreu a presença simultânea de H e Cd, o que resultou na alteração da energia de ligação de H-C-H, como é evidente na Figura 15(a).

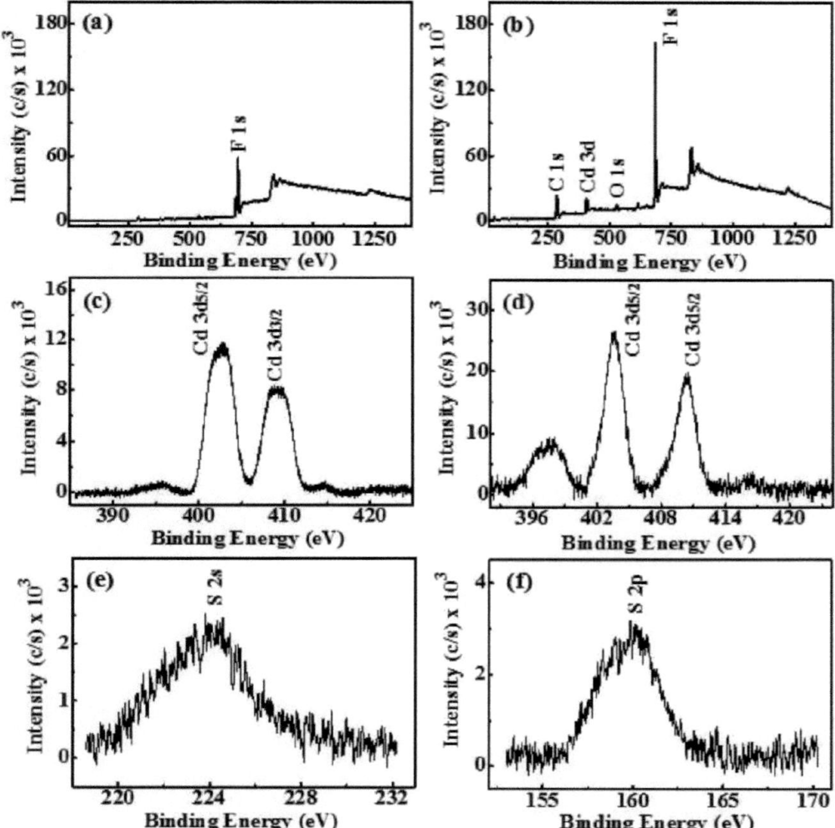

Figura 15: Espectro XPS geral de um filme compósito de PVDF representativo com 7,5% de carga de CdS: (a) polido (lado com terminação de hidrogénio) e (b) polido (lado com terminação de flúor). Espectros de nível de núcleo para Cd 3d3/2 e Cd 3d5/2: (c) lado com terminação de hidrogénio e (d) lado com terminação de flúor do compósito de PVDF com 7,5% de carga de CdS. Espectros de nível central para: (e) S 2s e (f) S 2p para filme compósito polido (superfície terminada em flúor).

O pico de C 1s associado à película de PVDF polida pristina é de ~ 286,4 eV (como se mostra na Figura 4a) e a posição deste pico muda significativamente com a incorporação de CdS. A superfície terminada em hidrogénio indica agora que a energia de ligação é de ~ 291,1 eV devido à presença de Cd na superfície hidrogenada após o polimento (Figura 15a). Os espectros de nível de núcleo para Cd 3d3/2 e Cd 3d5/2 também mostram as alterações nas energias de ligação quando examinados a partir de superfícies com terminação de hidrogénio (Figura 15c) e de flúor (Figura 15d). Pode observar-se um aumento de 1 eV nas energias de ligação do Cd 3d3/2 e do Cd 3d5/2. Os espectros de nível central de S 2s e S 2p de películas compósitas de PVDF:CdS polidas para superfícies com terminação de flúor são apresentados na Figura 15(e) e 15(f), respetivamente. É de notar aqui que a superfície com terminação de hidrogénio não apresenta quaisquer espectros de nível central para o enxofre, uma vez que, após o polimento, o enxofre tenderia a deslocar-se para a superfície fluorada, deixando a superfície com terminação de hidrogénio desprovida de enxofre. A probabilidade de formação de Cd-H não pode ser excluída na superfície terminada em hidrogénio das películas compósitas de PVDF:CdS polidas. A observação acima significaria a presença de nanocristalitos de CdS altamente alinhados na matriz de PVDF polido e isto modularia eficazmente o comportamento piezoelétrico da película composta.

O espetro de C 1s de alta resolução, registado utilizando a película composta de PVDF:CdS, altera-se significativamente em resultado da irradiação devido à incidência de raios X, como se mostra na Figura 16.

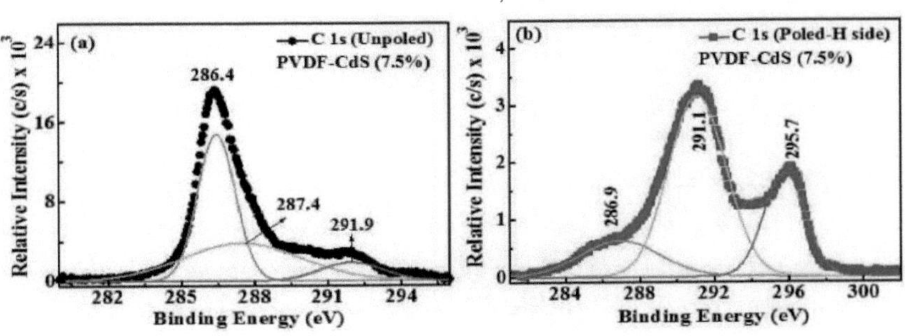

Figura 16: Espectros XPS de alta resolução para C1s: (a) filme compósito de PVDF depositado

com uma carga de 7,5% de CdS e (b) filme compósito de PVDF polido com uma carga de 7,5% de CdS (lado com terminação de hidrogénio).

O espetro C1s do PVDF:CdS não polido contém dois picos (Figura 16a) correspondentes a -CH- com valores de energia de ligação (BE) de 286,4 eV e -CF2- com BE de 291,1eV [78]. A intensidade do último pico aumentou fortemente nas películas de PVDF:CdS polidas (Figura 16b), confirmando a formação de ligações.

3.2.4. Estudos FTIR

As figuras 17(a) e 17(b) mostram os espectros FTIR quando o nano-CdS (7,5%) é adicionado à matriz de PVDF. Os espectros são marcados por picos caraterísticos adicionais devidos à incorporação de CdS que aparecem na gama de 1500-4000 cm^{-1}. Um pico a ~ 3340 cm^{-1} devido ao estiramento OH/CdSO4 apareceu tanto para as películas compostas de PVDF:CdS não polidas (Figura 17a) como polidas (Figura 17b).

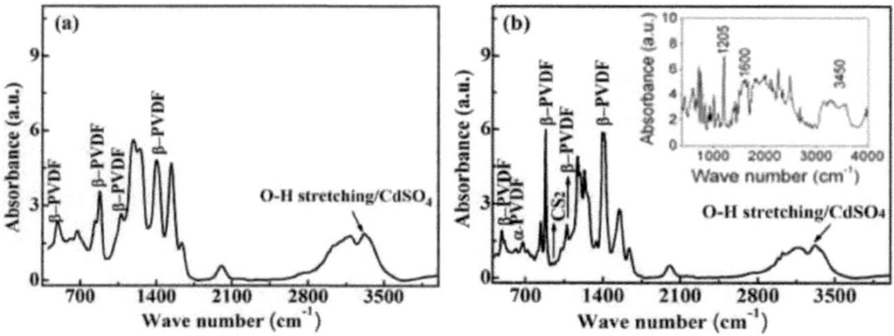

Figura 17: Espectros FTIR para amostras (a) não polidas e (b) polidas de película compósita de PVDF com 7,5% de carga de CdS (a inserção mostra os espectros FTIR de DMF puro na forma líquida).

Após o polimento, um pico adicional de vibração fora do estiramento associado ao estiramento CS2 apareceu a 940 cm^{-1}. Pode indicar-se aqui que não foram observados picos de absorção significativos relacionados com amidas (resultantes de possíveis resíduos de DMF na película de PVDF) nos espectros de FTIR acima referidos. O espetro de FTIR do DMF (na forma líquida) aqui utilizado é apresentado na inserção da Figura 17(b), o que pode fornecer provas da provável remoção do DMF residual após o aquecimento por micro-ondas. Sabe-se que as assinaturas (flexão N-H) do DMF aparecem a ~ 1600 cm^{-1} para amidas e aminas. Os modos de vibração de estiramento C-O e os modos de vibração de flexão no plano O-H também foram observados a 1205 cm^{-1} . O pico de absorção para o estiramento N-H em DMF aparece a ~ 3450 cm^{-1} . Pode observar-se que estes picos estão ausentes nas películas compósitas de PVDF:CdS aqui estudadas. Além disso, os espectros de XPS (discutidos na secção anterior) não reflectem qualquer assinatura da presença de azoto do DMF, o que reafirma a ausência de DMF após o aquecimento por micro-ondas.

3.2.5. Estudos ópticos

Foi também estudado o efeito da adição de CdS nanocristalino à matriz de PVDF nas propriedades ópticas. Os espectros de transmissão e de reflexão (não mostrados aqui) para películas compósitas de PVDF:CdS depositadas com três quantidades diferentes de CdS na matriz de PVDF foram registados na gama de 300-900 nm. O coeficiente de absorção (α) foi calculado a partir dos espectros de transmissão e de reflexão acima referidos [66].

De acordo com a Eqn. (3), um gráfico de $d[\ln(\alpha h v)]/d[h v]$ versus $h v$ indicará uma divergência em $h v \sim E_g$, a partir da qual se pode obter um valor aproximado de E_g. Uma vez encontrado um valor aproximado de E_g, então, utilizando a Eqn. (2), o valor de m pode ser facilmente calculado a partir do declive dos gráficos de $\ln (\alpha h v)$ versus $\ln (h v - E_g)$, como se mostra na Figura 18a. O valor de m variou entre 0,44 e 0,51 para todas as películas, indicando uma transição direta nas películas. O intervalo de banda foi determinado extrapolando a parte linear do gráfico de $(\alpha h v)^2$ versus $h v$ para $(\alpha h v)^2 = 0$ para as amostras não polidas (Figura 18b) e polidas (Figura 18c), que estão tabuladas na Tabela-III. Pode observar-se que o intervalo de banda aumentou de 2,27 eV para 2,59 eV à medida que a incorporação de nanocristalitos de CdS nas películas compósitas de PVDF:CdS foi aumentada. As películas com baixa carga de CdS indicaram valores de intervalo de banda mais baixos do que as películas com cargas de CdS mais elevadas. Isto deve-se ao facto de as bandas se fecharem na energia do intervalo de bandas dos espectros de absorção, o que pode estar associado ao aumento do teor de PVDF nas películas. As películas com maior teor de CdS indicaram uma ligeira deslocação para azul (~ 2,54 eV -2,59 eV) na energia do intervalo de banda, que pode ser devida à quantização do tamanho.

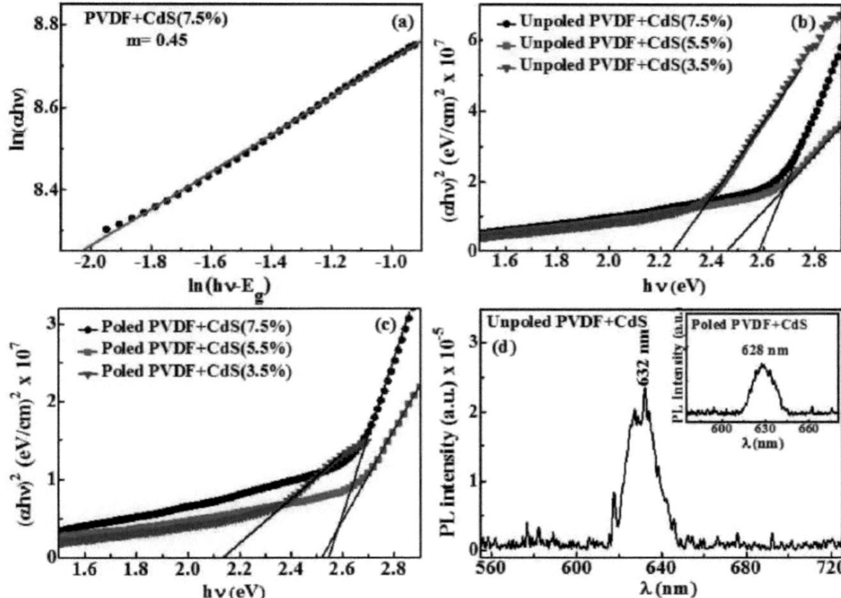

Figura 18: (a) Gráficos de ln(αhv) vs ln(have-Eg) de compósitos PVDF:CdS não polidos com cargas de 7,5% de CdS. Gráficos de (αhv)² versus hv para a película composta de PVDF:CdS com diferentes cargas de CdS: (b) amostras não polidas e (c) amostras polidas. (d) Espectros PL de películas compostas de PVDF:CdS não polidas (7,5%). A inserção de (d) mostra os espectros PL de películas compostas de PVDF:CdS polidas correspondentes.

As medições de fotoluminescência (PL) foram registadas a 300 K com excitação a ~ 425 nm de radiação para detetar picos de PL na gama 500-750 nm. Os espectros de PL registados como acima indicado para uma película composta de PVDF:CdS não polida e polida são apresentados na Figura 18(d). Pode observar-se que ambos os espectros de PL para películas compósitas de PVDF:CdS depositadas (7,5% de carga de CdS) indicam (Figura 18d) um pico a 632 nm (~ 1,963 eV) apenas. O pico de luminescência a ~ 1,963 eV indica uma transição típica de DA associada a películas de CdS com deficiência de enxofre. Não foi observado qualquer pico associado à transição de banda para banda. Pode observar-se que a intensidade do pico de PL se tornou mais forte e localizada a 628 nm (~ 1,976 eV), como se mostra na figura 18(d), para amostras polidas com um desvio de 13 meV. A mudança na posição do pico para a transição DA pode dever-se ao forte alinhamento dos nanocristais de CdS após o polimento.

Os valores para a parte real do índice de refração (n) e o coeficiente de extinção (k) das películas aqui depositadas foram calculados utilizando a abordagem da teoria KK modificada dada por Xue et. al.[69]. As partes real e complexa da constante dieléctrica (ε1 e ε2, respetivamente) podem ser calculadas utilizando as Eqn. (4) e (5). Observou-se na Figura 19a que as películas se tornaram mais densas com o aumento da incorporação de CdS. Verificou-se que os índices de refração (n) variavam (Figura 19a) entre 1,69 e 1,71 na gama de comprimentos de onda medida de 400-850 nm. A variação do coeficiente de extinção (k) com o comprimento de onda é mostrada na Figura 19b. O coeficiente de extinção das películas ricas em CdS foi mais elevado. Não foram observadas alterações significativas nos índices de refração (n) e no coeficiente de extinção (k) devido ao polimento das películas compósitas de PVDF:CdS (inserções da Figura 19a e 19b).

Os valores de ε1 e ε2 obtidos aqui são maiores para filmes com maior conteúdo de CdS nos filmes, tanto para filmes polidos como não polidos (Figura 19c e 19d). A variação de ε1 com a energia do fotão incidente depende da frequência do plasma ωp e pode ser expressa pela Eqn. (6). As Figuras 19(e) e 19(f) mostram a variação de ε1 com o inverso do quadrado da frequência ($1/\omega^2$) da radiação incidente para todos os filmes compósitos de PVDF:CdS não polidos e PVDF:CdS polidos, respetivamente. Os valores de ωp e ε_∞ foram determinados a partir do declive e da interceção da porção linear dos gráficos ε1 vs. $1/\omega^2$ (Figura 19e e 19f) e são apresentados na Tabela-III. O valor de ε_∞ determinado tanto para os filmes compósitos de PVDF:CdS polidos quanto para os não polidos variou entre 2,88 e 2,90. O valor da frequência de plasma, ωp, obtido como acima, variou entre 12,0 x 10^{13} s^{-1} e 6,9 x 10^{13} s^{-1} com a carga de CdS, enquanto que nas amostras polidas, a frequência de plasma foi invariante com um valor ~ 7,3 x

10^{13} s^{-1} . Usando as Eqn. (7) e (8), a concentração de portadores (N) nestes filmes compósitos também foi estimada. A concentração de portadores assim avaliada foi de ~ 1,0 x 10^{17} cm^{-3} a 2,7 x 10^{17} cm^{-3} para todos os filmes compósitos de PVDF:CdS aqui estudados, o que também é mostrado na Tabela-III.

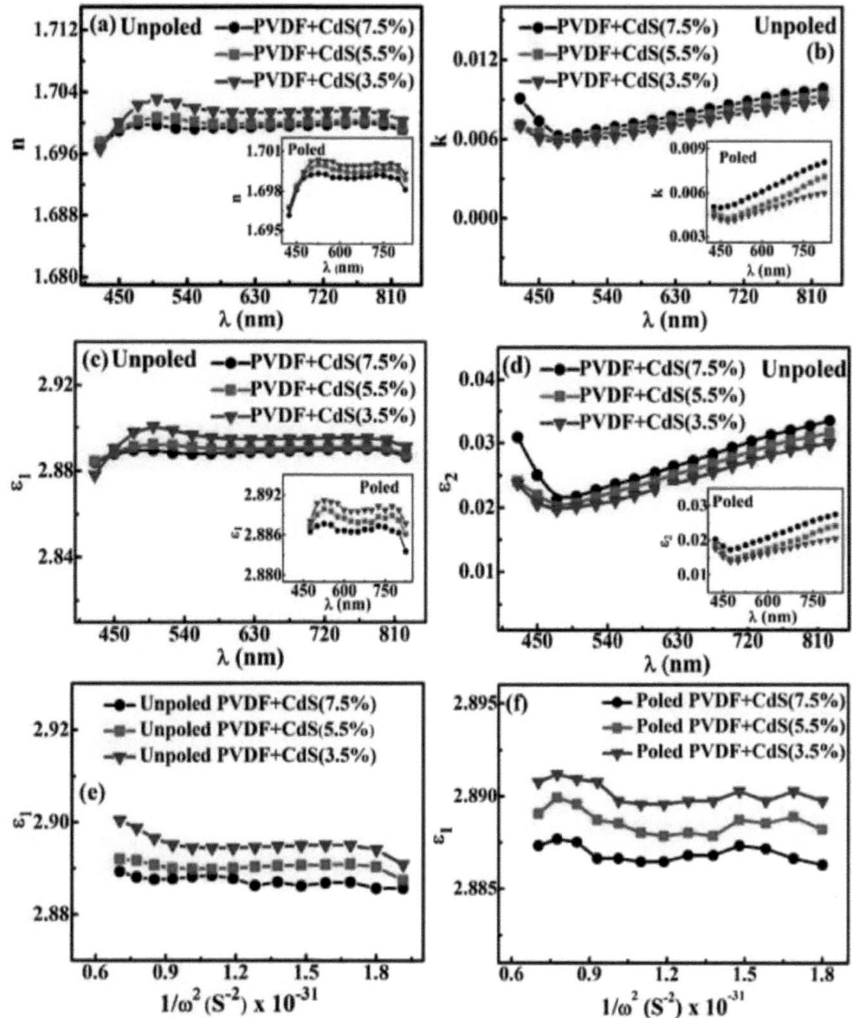

Figura 19: Variação de: (a) n, (b) k, (c) ε1 e (d) ε2 com o comprimento de onda (λ) para o filme compósito PVDF:CdS não polido. A parte inferior da figura (a-d) mostra a variação de n, k, ε1 e ε2 com λ para a película composta de PVDF:CdS polida, respetivamente. Gráficos de ε1 vs. 1/w²

49

Tabela-III: Diferentes parâmetros calculados a partir do estudo ótico das películas compósitas de PVDF:CdS:

Film	Eg (eV)	ε_∞	N (x 10^{17} cm^{-3})	n (at 470 nm)	ω_p (x 10^{13} s^{-1})
Unpoled PVDF:CdS (3.5%)	2.27	2.90	2.70	1.70	12.01
Unpoled PVDF:CdS (5.5%)	2.46	2.89	1.00	1.70	6.92
Unpoled PVDF:CdS (7.5%)	2.59	2.89	1.64	1.69	9.13
Poled PVDF:CdS (3.5%)	2.15	2.89	1.05	1.69	7.35
Poled PVDF:CdS (5.5%)	2.53	2.89	1.01	1.69	7.28
Poled PVDF:CdS (7.5%)	2.56	2.88	1.05	1.69	7.31

3.2.6. Estudos dieléctricos

A constante dieléctrica pode ser estimada utilizando a seguinte relação:

$$\varepsilon_r = \frac{Cd}{A\varepsilon_0} \tag{16}$$

Onde, d é a espessura da película, A é a área da película e ε_0 é a permissividade do espaço livre. A variação da constante dieléctrica das películas compósitas de PVDF:CdS não polidas e polidas aqui estudadas é mostrada na Figura 20(a) e 20(b).

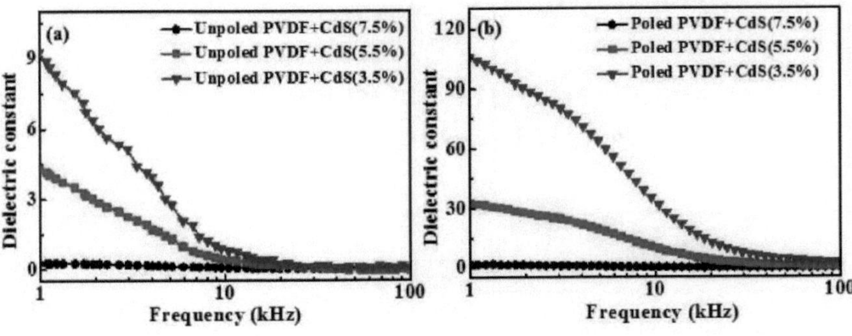

Figura 20: Gráficos de constante dieléctrica versus frequência de (a) películas compósitas de

Foi possível observar que a constante dieléctrica aumentou significativamente quando as películas de PVDF foram polidas. A variação dos valores dieléctricos com a frequência para películas não polidas com a carga mais baixa de CdS permaneceu quase semelhante à da película de PVDF virgem polida (Figura 10b). O valor dielétrico da película de PVDF não polida diminuiu ligeiramente com a carga de CdS. No entanto, foi possível observar um aumento significativo (mais de 10 vezes) na constante dieléctrica das películas de PVDF com inclusão de CdS (Figura 20b) quando polidas. Pode notar-se aqui que a constante dieléctrica do CdS é de ~ 8,28, enquanto que a do PVDF se situa no intervalo de 8,5-9,0. Isto deve-se ao alinhamento dos nanocristais de CdS na matriz hospedeira de PVDF após o polimento, o que também foi comprovado por estudos de XPS (discutidos na secção anterior). O resultado mostra que a constante dieléctrica em qualquer frequência aumenta com o polimento. Este aumento deve-se à transferência de electrões induzida pelo polimento, semelhante à polarização eléctrica, que permite a acumulação de mais portadores nos eléctrodos durante a medição dieléctrica. O aumento é mais significativo para cargas mais baixas de CdS e a alteração torna-se insignificante quando a carga de CdS é aumentada significativamente. Esta observação sobre as constantes dieléctricas pode ser entendida a partir das seguintes considerações.

As áreas interfaciais num nanocompósito promoveriam o acoplamento de troca interfacial através de uma camada de interface dipolar. Isto pode levar a uma polarizabilidade e polarização melhoradas na fase polimérica perto da interface do material de enchimento (aqui CdS) e da matriz hospedeira (aqui PVDF) [79]. É de esperar um aumento da permissividade nos compósitos poliméricos. Neste caso, podem ser concebidos dois tipos de interações interfaciais: (i) interações intermoleculares entre as nanopartículas de CdS e a matriz hospedeira PVDF e (ii) interações intramoleculares entre as nanopartículas de CdS. Apenas as interações intermoleculares entre as nanopartículas de CdS e a matriz hospedeira (PVDF) contribuiriam para as interações interfaciais CdS-polímero e, consequentemente, para a polarização de Maxwell-Wagner. As interações interfaciais devidas às interações intramoleculares entre as nanopartículas de CdS diminuiriam a polarização de Maxwell-Wagner e, com o aumento da fração volumétrica de CdS no PVDF, estas interações interfaciais devidas às interações intramoleculares entre as nanopartículas de CdS dominariam as interações intermoleculares entre as nanopartículas de CdS e a matriz de PVDF. Assim, com o aumento da carga de CdS, observar-se-ia uma diminuição dos valores dieléctricos, tanto nas amostras polidas como nas não polidas, como se observou aqui (Figura 20a e 20b). Neste momento, pode notar-se que a resistividade volumétrica do PVDF é muito elevada ($\sim 1014 - 10^1 5$ ohm-cm) em comparação com a resistividade das películas de CdS ($\sim 10 - 10^{34}$ ohm-cm). A redução da impedância com a carga de CdS seria esperada devido à mistura de um material de baixa resistividade numa matriz de alta resistividade. Assim, com o aumento da carga de material de baixa resistividade numa matriz de alta resistividade, observar-se-ia uma diminuição da resistência e, consequentemente, um aumento da condutância. Quando a fração de volume é pequena, as nanopartículas semicondutoras de CdS (resistividade $\sim 10^3 - 10^4$ ohm-cm) formam pequenas ilhas isoladas na matriz isolante (PVDF: resistividade $\sim 10^{14} - 10^{15}$ ohm-cm). Com o aumento da fração volumétrica de CdS nanocristalino, as ilhas tornar-se-iam maiores, numerosas e comparáveis ao meio isolante que separa os dois nanocristalitos adjacentes. Assim, a variação observada da constante dieléctrica pode ser atribuída ao aumento da densidade numérica dos nanocristais de CdS na matriz de PVDF, que culmina na diminuição da resistência do meio dielétrico e, consequentemente, na diminuição da constante dieléctrica. Com a diminuição da densidade numérica dos nanocristais de CdS (ou seja, a fração volumétrica do material de enchimento), a densidade dos canais de percolação seria reduzida, culminando num aumento da resistência e, consequentemente, numa diminuição da condutância.

As Figuras 21(a) e 21(b) ilustram a variação da perda dieléctrica $(\tan(0) = Z''/Z')$ com as frequências (log f) para os filmes compósitos de PVDF:CdS polidos e não polidos, respetivamente aqui estudados. A perda dieléctrica para amostras não polidas é significativamente maior em comparação com amostras polidas. Isto deve-se ao alinhamento do dipolo nas amostras polidas. Pode observar-se que, em ambos os casos, a perda é mais elevada a baixas frequências e depois diminui acentuadamente com a frequência, mantendo-se praticamente constante em toda a gama de frequências. A diminuição das constantes dieléctricas na região de frequências mais elevadas pode dever-se ao facto de os dipolos não conseguirem acompanhar a variação rápida do campo aplicado. Os valores mais elevados da constante dieléctrica e da perda dieléctrica a frequências mais baixas podem ter origem na contribuição da carga espacial, do dipolo e das polarizações electrónicas, mas a frequências mais elevadas, apenas o dipolo e a polarização eletrónica contribuiriam significativamente. Geralmente, o elevado valor da constante dieléctrica a baixas frequências é atribuído à polarização interfacial de dipolos devido ao movimento localizado dos nanocristais de CdS na matriz de PVDF. A diminuição da constante dieléctrica e da perda dieléctrica, com o aumento da frequência, significaria uma diminuição da resposta dos dipolos de nano-CdS.

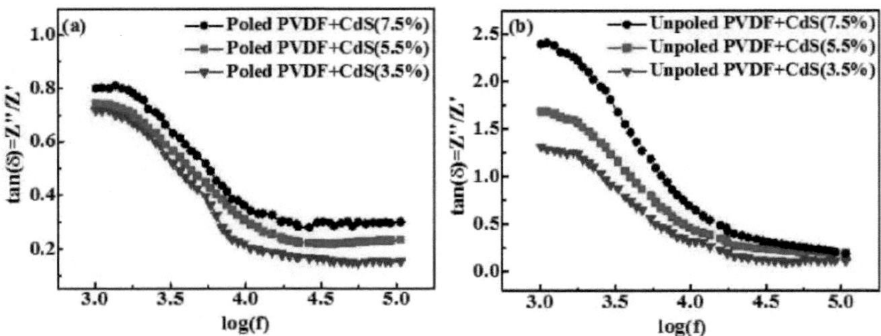

Figura 21: Variação da perda dieléctrica ($tan(\delta') = Z'/Z')$) com a frequência ($log(f)$) de todas as películas compósitas de PVDF:CdS: (a) polidas e (b) não polidas.

A impedância real e complexa do dispositivo em função da frequência de ensaio *foi* registada na gama de frequências de 103 e 105 Hz. Os gráficos do plano complexo *(Z' vs Z'')*, ou seja, os gráficos de Cole-Cole para uma película composta de PVDF:CdS representativa não polida e polida, são apresentados na Figura 22(b) e 22(c), respetivamente. O comportamento de todas as películas compósitas de PVDF:CdS foi praticamente idêntico. A natureza das parcelas de Cole-Cole (Figura 22b e 22c) pode ser vista como se desviando significativamente da de um arco semicircular de impedância. Pode observar-se que estes gráficos tendem a apresentar uma natureza semicircular antes de divergirem após uma frequência de 1,46 x 10^3 Hz.

Isto pode dever-se ao facto de o mecanismo de condução ativado participar no processo de condução de electrões destas películas compósitas de PVDF:CdS, pelo que a representação deste sistema através de um circuito equivalente simples com uma combinação paralela de uma resistência (R) e um condensador (C) pode não ser aplicável na sua totalidade. Assim, será prudente procurar o circuito equivalente mais adequado que possa representar as propriedades eléctricas destas películas. Poder-se-á modelar as propriedades de impedância, o que simplificaria essencialmente o processo de caraterização.

3.2.6.1. Modelação das propriedades de impedância eléctrica

A identificação do circuito equivalente mais adequado para representar as propriedades eléctricas de uma amostra simplifica a caraterização das suas propriedades. No entanto, não existem critérios bem aceites para decidir quais os circuitos equivalentes mais adequados [75] para descrever o comportamento da impedância. A impedância dos materiais piezoeléctricos também tem sido descrita na literatura como revelando uma dispersão de capacitância dependente da frequência a baixas frequências que não pode ser descrita por elementos simples como capacitâncias, resistências, indutâncias ou elementos de difusão conectiva (por exemplo, Warburg) [80]. Este comportamento para cerâmicas piezoeléctricas [80] e polímeros [81] também foi descrito em termos de elementos de fase constante (CPE).

O circuito equivalente com elemento de fase constante (CPE) foi tentado para descrever os nossos dados experimentais. Observou-se que os dados experimentais se ajustavam bem (Figura 22a) ao gráfico teórico da modelação CPE apenas na gama de alta frequência. Desviaram-se significativamente na gama de baixas frequências e o modelo CPE proposto (na parte inferior da Figura 22a) não conseguiu descrever o comportamento experimental em toda a gama experimental de medição. Se observarmos atentamente o gráfico de Cole-Cole, será evidente que o gráfico acima consiste na sobreposição de dois semicírculos. O primeiro, na região de alta frequência, tinha um raio menor, enquanto o outro, no domínio de baixa frequência, tinha um raio muito maior. Para ajustar esse gráfico de ColeCole, constituído por dois semicírculos sobrepostos, o CPE foi substituído por um sistema R-C adicional, de modo a que o circuito equivalente, tal como indicado na parte inferior da Figura 22(b), representasse o sistema em consideração. Este modelo simples $[R(R_1C_1)(R_2C_2)]$ contendo uma resistência R em série com um sistema R1C1 (resistência R1 em paralelo com o condensador c_1) em série com um segundo sistema R2C2 (resistência R_2 em paralelo com o condensador c_2) foi considerado um modelo viável. Este modelo será incomensurável com a presença de dois tipos de polarização. As figuras 22(b) e 22(c) mostram pontos de dados experimentais e teóricos calculados utilizando o modelo proposto acima. Pode observar-se que os gráficos de ColeCole de um filme compósito PVDF:CdS representativo com uma carga de 3,5% de CdS para um filme não polarizado (Figura 22b) e um filme polarizado (Figura 22c) podem ser descritos bastante bem pelo modelo proposto acima.

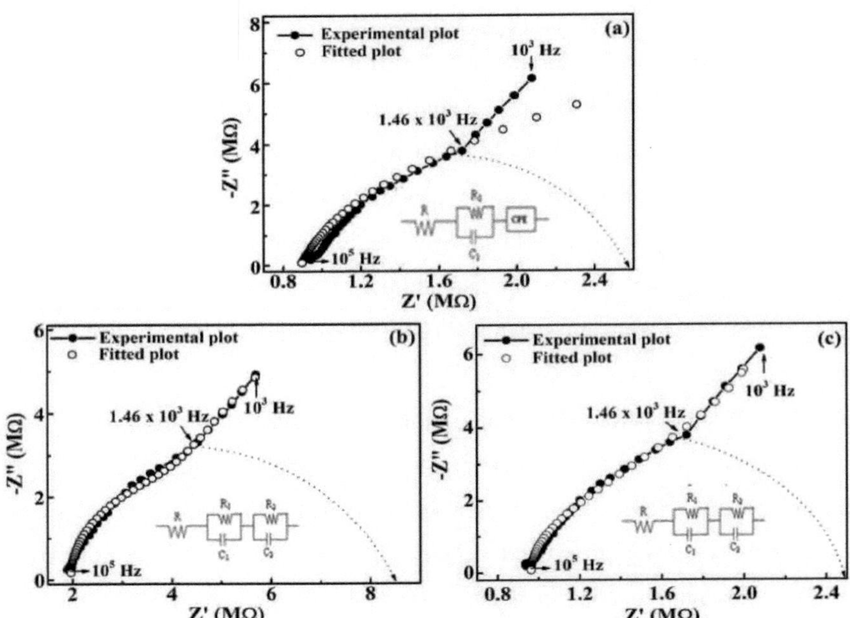

Figura 22: (a) Pontos de dados experimentais e teoricamente ajustados com o modelo CPE dos gráficos de colecole de uma película composta de PVDF representativa com 3,5% de carga de CdS. A inserção de (a) mostra o modelo de circuito proposto.

Pontos de dados experimentais e teóricos ajustados com o modelo [R(R1C1)(R2C2)] de gráficos de colecole de películas compostas de PVDF representativas com 3,5% de carga de CdS: para (b) uma película não polida e (c) uma película polida. As inserções mostram o modelo de circuito proposto.

A impedância total do circuito equivalente (inset das Figuras 22b e 22c) pode ser descrita pelas seguintes equações. O subscrito dos parâmetros refere-se ao número do elemento nos circuitos do modelo proposto. A impedância total Z:

$$Z = 1/G + 1/(G_1 + j\omega C_1) + 1/(G_2 + j\omega C_2) \qquad (17)$$

Separação das partes real e imaginária de Z:

$$Z = Z' + jZ'' \qquad (18)$$

Z e Z são as partes real e imaginária da impedância, respetivamente.

$$Z' = \frac{1}{G} + \frac{G_1}{(G_1^2 + \omega^2 C_1^2)} + \frac{G_2}{(G_2^2 + \omega^2 C_2^2)} \qquad (19)$$

$$Z'' = -\omega \left[\frac{C_1}{(G_1^2 + \omega^2 C_1^2)} + \frac{C_2}{(G_2^2 + \omega^2 C_2^2)} \right] \qquad (20)$$

Onde G, C são a condutância e a capacitância, respetivamente; $j = \sqrt{-1}$; $\omega = 2\pi f$, f é a frequência linear. A natureza acima do circuito equivalente é compatível com a discutida na modelagem. Este circuito proposto contém um elemento de resistência (R) que domina a impedância em altas frequências. Ao calcularmos as duas constantes de tempo (R1C1 e R2C2), verificámos que R2C2 é superior a R1C1 para as amostras não polidas e polidas. Isto significa que, em altas frequências, os condensadores não têm impedância e a corrente que passa pelas resistências contribui para as perdas. Os valores dos diferentes parâmetros obtidos a partir do melhor ajuste do modelo proposto são apresentados na Tabela IV. Pode observar-se que os valores de C1 e R2 foram significativamente mais elevados para as amostras polidas, uma vez que a constante dieléctrica apresentou um aumento significativo, resultando num aumento significativo da constante de tempo para as amostras polidas.

Tabela-IV: Os parâmetros do circuito modelo [R(R1C1)(R2C2)] ajustados aos espectros de impedância eléctrica para as películas de PVDF:CdS:

Film	R (MΩ)	R$_1$ (MΩ)	R$_2$ (MΩ)	C$_1$ (pF)	C$_2$ (pF)	R$_1$C$_1$ (m-sec)	R$_2$C$_2$ (m-sec)	G$_1$ (S/m^2)	G$_2$ (S/m^2)
Unpoled PVDF:CdS (3.5%)	1.96	2.41	15	13.40	33.01	0.03	0.49	0.42	0.07
Poled PVDF:CdS (3.5%)	0.96	1.44	998	72.91	33.21	0.11	33.11	0.69	1×10^{-3}

3.3. Síntese e caraterização de filmes finos de PVDF compósitos impregnados com CCTO e CCTO:Ag

3.3.1. Estudos microestruturais

As figuras 23(a) e 23(b) mostram as imagens TEM de nanopartículas de CCTO puro e CCTO:Ag, respetivamente. Pode ver-se que as nanopartículas de CCTO têm formas irregulares, entre esféricas e não esféricas, com um diâmetro médio de 55±4 nm. A imagem da Figura 23b demonstra que a superfície das nanopartículas de CCTO foi revestida com nanopartículas de Ag com um diâmetro médio de 5,0±0,2 nm. A medição por EDX confirma a presença de nanopartículas de Ag, bem como dos outros elementos esperados nas nanopartículas de CCTO:Ag.

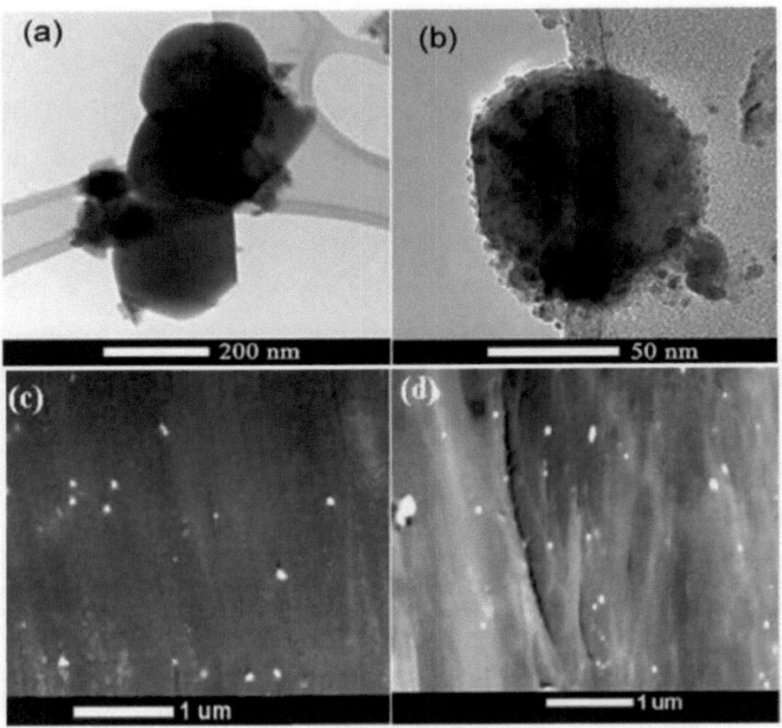

Figura 23: Imagem HRTEM de (a) CCTO e (b) CCTO:Ag nanopartículas. Imagem FESEM de (c) filme compósito P/C:Ag-10 e (d) P/C:Ag-30.

A análise FESEM das diferentes películas compósitas de polímeros mostrou uma distribuição homogénea das nanopartículas, no interior da matriz de PVDF. As Figuras 23(c) e 23(d) mostram as imagens de retrodifusão de electrões das películas compósitas P/C:Ag-10 e P/C:Ag-30, onde se pode ver que existe uma distribuição homogénea global das nanopartículas de CCTO:Ag na matriz polimérica, que aparecem como manchas brancas nas imagens.

3.3.2.   Estudos de XRD

A Figura 24 mostra os padrões XRD do PVDF puro, das nanopartículas CCTO e CCTO:Ag, e das diferentes películas compósitas PVDF/CCTO e PVDF/CCTO:Ag.

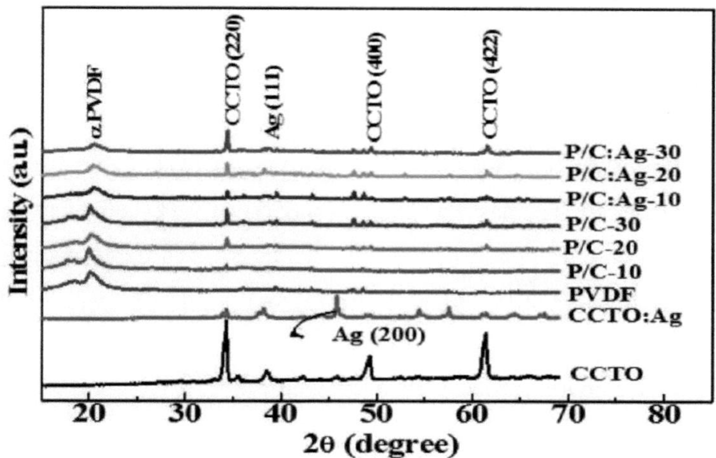

Figura 24: Padrão de XRD de películas de PVDF puro, CCTO, CCTO:Ag, PVDF/CCTO e PVDF/CCTO:Ag compostas com diferentes percentagens volumétricas de cargas.

Os picos de difração correspondentes aos planos (220), (321), (400) e (422) [cartão JPDS no- 01-075-1149] confirmaram a formação de CCTO. Os picos de difração (111) e (200) da prata metálica nos espectros das nanopartículas de CCTO funcionalizadas com prata metálica (amostra CCTO:Ag) também podem ser vistos. O PVDF puro cristaliza na fase α com picos caraterísticos a 18,7° e 19,9° que correspondem a reflexões (020) e (111), respetivamente [42]. As películas compósitas mostram os picos de CCTO, Ag e PVDF como observado para os componentes individuais do compósito, indicando a formação bem sucedida dos compósitos.

3.3.3.   Estudos dieléctricos

A constante dieléctrica dependente da frequência (κ) e a perda dieléctrica dos compósitos com diferentes vol% de carga são apresentadas na Figura 25(a) e 25(b).

Pode observar-se que κ diminui para todas as amostras com o aumento da frequência devido a uma contribuição dipolar decrescente a altas frequências [82]. Além disso, κ aumenta com o aumento do conteúdo de CCTO na matriz PVDF para ambos os tipos de cargas, CCTO puro e CCTO:Ag. Na amostra P/C-30, κ atinge um valor de 87,6 a 1 kHz, que é ligeiramente superior ao valor obtido por Thomas et al. [42] que reportou uma constante dieléctrica de cerca de 80 a 1 kHz para um compósito de PVDF com 50 vol% de CCTO. O melhor desempenho do nosso compósito com um teor de carga mais baixo é explicado pelo tamanho nanométrico (55 nm) das nanopartículas de CCTO aqui preparadas pela técnica sol-gel, em comparação com as partículas micrométricas de CCTO (1-7 µm) relatadas por Thomas et al. [42]. As cargas de CCTO nanométricas possuem interfaces activas e condutoras, enquanto as de CCTO microscópicas apresentam limites isolantes na matriz de PVDF, pelo que a matriz de PVDF com cargas de CCTO nanométricas apresenta uma constante dieléctrica mais elevada do que o compósito de PVDF com cargas de CCTO microscópicas [83].

O efeito da decoração de nanopartículas de Ag na superfície do CCTO é demonstrado nos espectros dieléctricos, que mostram que todos os filmes compostos com nanopartículas de CCTO:Ag têm uma constante dieléctrica mais elevada do que os compostos com nanopartículas de CCTO puro. A película P/C:Ag-10 tem um κ mais elevado do que a película P/C-30 em toda a gama de frequências. Em comparação com o PVDF puro $(\kappa = 12)$, a constante dieléctrica do compósito P/C:Ag-30 (30 vol% de nanopartículas de CCTO:Ag) tem o κ mais elevado de 110 a 1 kHz. Assim, a incorporação de cargas condutoras na matriz polimérica provoca o aumento das propriedades dieléctricas, o que pode ser atribuído ao aumento do efeito Maxwell-Wagner-Sillars (MWS) [84]. De acordo com o efeito MWS, a condutividade da intercamada entre o CCTO e a matriz polimérica aumenta com a presença de nanopartículas metálicas (aqui Ag nPs), o que aumenta a polarização da carga espacial [85,86]. Por conseguinte, um grande número de cargas é bloqueado na interface entre o material de enchimento e o polímero, o que aumenta a constante dieléctrica. Resultados semelhantes foram obtidos por Devaraju et al. [87] em compósitos

Ag/BT/PI e Dang et al. [52] no sistema Ni/BT/PVDF. A constante dieléctrica do compósito trifásico, κ ~ 30 em Ag/BT/PI e κ ~ 50 no compósito Ni/BT/PVDF, aumenta cerca de 2 vezes em comparação com o compósito de duas fases, κ ~ *15* em BT/PI e κ ~ 25 no compósito BT/PVDF, com a mesma carga de enchimento na matriz polimérica. Em contraste, a constante dieléctrica do compósito (PVDF/CCTO:Ag) aqui em estudo foi aumentada cerca de 5 vezes com o conteúdo de carga semelhante ao do compósito Ni/BT/PVDF [52].

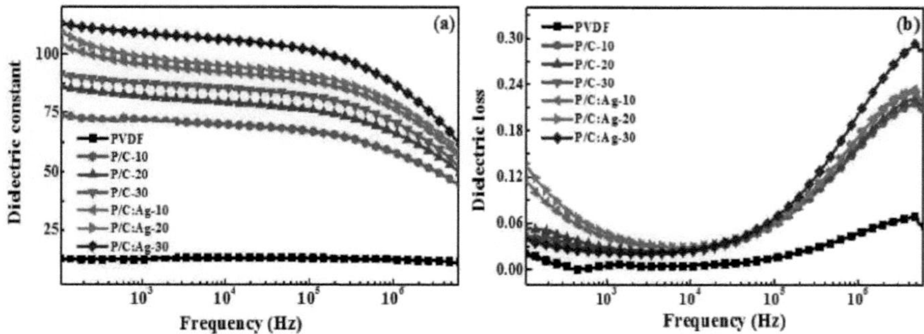

Figura 25: Dependência da frequência (a) da constante dieléctrica e (b) da perda dieléctrica de películas de PVDF puro, P/C e P/C:Ag (medidas à temperatura ambiente) com diferentes concentrações de carga.

O gráfico da perda dieléctrica dos compósitos mostra uma tendência diferente em comparação com a constante dieléctrica, como se mostra na Figura 25(b). Na gama de baixas frequências, entre 100 Hz e 500 Hz, a perda dieléctrica é relativamente elevada devido à polarização interfacial, enquanto que tem valores mais baixos na gama de frequências entre 5 kHz e 50 kHz. Finalmente, observa-se um aumento acentuado por volta de 1 MHz, que é uma caraterística típica da relaxação da transição vítrea da matriz de PVDF [88]. No entanto, a perda dieléctrica permanece abaixo de 0,27 em toda a gama de frequências (100 Hz a 1 MHz). É interessante observar que o tan δ de P/C:Ag-30 tem um valor inferior ao da película composta de P/C-30 na gama de 1 kHz a 10 kHz. Este facto é diferente de outros compósitos poliméricos, em que as partículas cerâmicas foram funcionalizadas com nanotubos de carbono [89] ou grafeno [90]. Esta baixa perda deve-se à estrutura particular das partículas de Ag, que requerem uma fração volumétrica elevada de conteúdo de carga no compósito antes de ocorrer a percolação. Assim, é difícil criar uma rede condutora no compósito a 30 vol% de concentração de CCTO:Ag [91].

4. Aplicações de captação de energia

Os geradores de energia piezoeléctrica têm uma aplicação promissora na miniaturização de um pacote de energia e na auto-alimentação de nano-robots e dispositivos implantados no corpo [92]. Apesar de vários esforços, um nanogerador (NG) de saída de corrente contínua (DC) continua a ser crucial para a captação de energia piezoeléctrica devido à utilização direta da energia gerada para várias aplicações de nanodispositivos. Nos últimos anos, os dispositivos auto-alimentados criaram um enorme impacto tecnológico nas aplicações nano-electrónicas inteligentes e portáteis. Estes dispositivos auto-alimentados contribuiriam para reduzir ainda mais o tamanho dos dispositivos e, subsequentemente, melhorar a sua vida útil sem bateria [93]. O funcionamento auto-alimentado é conseguido através da integração de um captador de energia com os dispositivos electrónicos. O nanogerador é um dispositivo de captação de energia que converte energia mecânica e térmica em eletricidade através de efeitos piezoeléctricos e piroeléctricos, respetivamente. A recolha de energia a partir do movimento do corpo humano suscitou um enorme interesse no mundo científico devido à sua fácil disponibilidade, ao seu baixo custo e à sua independência dos factores ambientais [94]. No entanto, muito poucos estudos relataram a geração bem sucedida de energia de saída DC a partir de Nano Geradores. Dado que a maioria dos nanogeradores piezoeléctricos gera uma saída de carga do tipo corrente alternada (CA), a conversão do sinal de CA para CC requer um circuito de retificação, o que aumenta o tamanho total do pacote de potência e degrada a sua potência [95]. Não obstante, a necessidade de materiais piezoeléctricos eficientes, inteligentes, flexíveis e independentes para aplicações em nanogeradores continua a ser muito procurada do ponto de vista científico e tecnológico. Assim, existe um potencial significativo para a utilização deste filme compósito em aplicações de recolha de energia. Recentemente, Bhunia et. al. [96] relataram os estudos de recolha de energia de filmes compósitos de PVDF:ZnO flexíveis e independentes. Foi relatado que a tensão de saída aumentou (quase o dobro) após o poling para filmes de PVDF pristinos e aumentou 10 vezes com a inclusão de nano ZnO na matriz de PVDF para amostras polidas. Foi registada uma tensão de saída CA máxima de ~ 4 V e uma potência de saída da ordem de alguns nanowatts.

registados para o nanogerador, que foi utilizado para acender um LED vermelho utilizando um circuito de retificação através da descarga de um condensador. Nour et. al. [97,98] apresentaram um nanogerador (NG) de papel utilizando nanofios piezoeléctricos de ZnO (ZnO NWs). O NG fabricado é capaz de captar energia mecânica do ambiente a partir de vários tipos de movimentos humanos, como passos. A saída eléctrica gerada pelo NG de PVDF:ZnO NWs foi utilizada para servir como sensor de disparo de baixa frequência auto-alimentado. A tensão de circuito aberto máxima atingida foi de 4,8 V com uma densidade de potência tão elevada como 1,3 mW/mm^2 .

As nanopartículas de sulfureto de cádmio (Q-CdS) também atraíram uma atenção considerável nas últimas duas décadas devido às suas propriedades electrónicas sintonizáveis em função do tamanho (efeito de tamanho quântico) [99,100]. O CdS hexagonal tem efeito piezoelétrico [101]. Shvydka et. al. [37] relataram um forte efeito piezoelétrico reversível em fotovoltaicos de CdTe/CdS, consistente com os parâmetros piezoeléctricos do CdS. Mitra et al. [102] também relataram a piezo- e piroeletricidade em sistemas fotovoltaicos baseados em CdS, incluindo dispositivos absorventes de CdTe e CuInGaSe2. Os fortes efeitos piro e piezoeléctricos do CdS afectam significativamente a distribuição do campo elétrico e a física do funcionamento dos dispositivos. No acoplamento piro-fotovoltaico, o efeito fotovoltaico e a polarização do CdS dependem fortemente um do outro. O seu estudo mostrou que a polarização do CdS acaba por ser benéfica para a tecnologia fotovoltaica. No entanto, parece não haver nenhum relatório atualizado sobre a síntese e a caraterização de películas flexíveis independentes de compósitos PVDF:CdS que possam ser utilizadas em fotossensores flexíveis, células solares flexíveis e materiais piezoeléctricos.

Uma grande variedade de dispositivos electrónicos e de rede requerem uma fonte de alimentação pequena mas constante para o seu funcionamento. Tradicionalmente, estes dispositivos funcionam a pilhas e as pilhas são carregadas periodicamente para um funcionamento contínuo. Muitas vezes, os dispositivos estão tão localizados que o fornecimento de energia para recarregar as baterias se torna um desafio. A recolha de energia eléctrica através do princípio da piezoeletricidade pode ser uma solução viável para o problema acima referido, fornecendo uma fonte de energia permanente. Neste contexto, os compósitos de polímeros piezoeléctricos PVDF/CCTO revelaram-se um material potencial para a captação de energia através de movimentos mecânicos (passos). Aplicações como o fornecimento de energia por impulsos e outros dispositivos de armazenamento de energia capacitiva podem ser exploradas com estes compósitos PVDF/CCTO.

5. Conclusão

Foram preparadas películas compósitas de PVDF:ZnO flexíveis e autónomas pela técnica sol-gel. Foi estudado o efeito da carga de ZnO na matriz de PVDF nas propriedades ópticas e microestruturais para as amostras polidas e não polidas. As imagens FESEM mostraram nanocristais altamente orientados de ZnO incorporados na matriz PVDF livre. Os espectros XPS registados para as amostras polidas a partir da superfície terminada em flúor mostraram um pico muito forte a ~ 695 eV para F 1s devido a ligações C-F. Este pico era de intensidade muito baixa para a superfície invertida (superfície com terminação de hidrogénio). A frequência do plasma para as amostras polidas foi uma ordem inferior à das amostras não polidas. Foi registada uma forte banda de emissão PL ultravioleta a cerca de 383 nm devido à recombinação e emissão do excitão livre através de um processo de colisão excitão-excitão. A constante dieléctrica aumentou significativamente quando as películas de PVDF:ZnO foram polidas e tanto a impedância como a constante dieléctrica diminuíram rapidamente com o aumento da frequência, quando comparadas com as das amostras não polidas. Foi possível observar um aumento da constante dieléctrica (mais de 10 vezes) das películas para as amostras polidas. A natureza dos gráficos de Cole-Cole pode ser vista a desviar-se significativamente de um arco semicircular de impedância antes de divergir após uma frequência de 1,76 kHz. A partir da modelação eléctrica, observou-se que, durante as medições de impedância, as amostras apresentam o comportamento de um circuito em série de resistência e capacitância.

Foi demonstrada a possibilidade de sintetizar películas flexíveis de PVDF impregnadas com CdS nanocristalino (PVDF:CdS). O efeito da carga de CdS na matriz hospedeira de PVDF nas propriedades ópticas foi estudado criticamente para amostras depositadas e polidas. Os estudos FESEM mostraram que as pontas do CdS hexagonal apareciam como pontos nas imagens FESEM das amostras polidas. Nas amostras não polidas, os nanocristais hexagonais de CdS são incorporados sem qualquer orientação preferencial, como é evidente pelo alinhamento aleatório do CdS hexagonal. O intervalo de banda aumentou de 2,27eV para 2,59eV à medida que a incorporação de nanocristais de CdS nas películas compósitas de PVDF:CdS foi aumentada. O pico de PL a ~ 1,96 eV indica uma transição típica de DA associada a películas de CdS com deficiência de enxofre. Não foi observado qualquer pico associado à transição de banda para banda. O pico de PL tornou-se mais forte e localizado a ~ 1,97 eV para as amostras polidas com um desvio de 13 meV. A mudança na posição do pico para a transição DA pode ser devida ao forte alinhamento dos nanocristais de CdS após o polimento. Os valores de $\varepsilon 1$ e $\varepsilon 2$ obtidos aqui são maiores para filmes com maior conteúdo de CdS nos filmes, tanto para filmes polidos como não polidos. O valor da frequência de plasma, ωp, obtido como acima, variou entre $12,0 \times 10^{13}$ s^{-1} e $6,9 \times 10^{13}$ s^{-1} com a carga de CdS, enquanto que nas amostras polidas a frequência de plasma permaneceu invariável com um valor ~ $7,3 \times 10^{13}$ s^{-1}. Os estudos de XPS indicaram a presença de nanocristalitos de CdS altamente alinhados na matriz de PVDF polida, o que pode modular eficazmente o comportamento piezoelétrico do filme compósito. Os espectros XPS registados para as amostras polidas a partir da superfície terminada em flúor mostraram um pico muito forte a ~ 690 eV para F 1s devido a ligações C-F, que estava ausente para a superfície terminada em hidrogénio. A constante dieléctrica aumentou significativamente quando as películas compostas de PVDF:CdS foram polidas. A constante dieléctrica diminuiu rapidamente com o aumento da frequência quando comparada com a das amostras não polidas. Foi possível observar um aumento da constante dieléctrica (mais de 10 vezes) das películas para as amostras polidas. Verificou-se que a natureza dos gráficos de Cole-Cole se desviava significativamente de um arco semicircular de impedância antes de divergir após uma frequência de 1,46 $\times 10^3$ Hz. Assim, existe um potencial significativo para a utilização deste filme compósito em aplicações de recolha de energia.

As cerâmicas CCTO foram funcionalizadas com nanopartículas de Ag através de um método de sementeira modificado. Foram obtidos compósitos de polímero PVDF flexíveis de pé livre através da incorporação de CCTO puro e CCTO: nanopartículas de Ag na matriz PVDF. O valor κ das películas compósitas P/C:Ag-30 foi pelo menos 20% superior ao valor k de P/C-30, enquanto o valor tan δ foi também inferior nas películas compósitas P/C:Ag-30 do que nas P/C-30. Os estudos FESEM confirmaram a distribuição global homogénea das nanopartículas na matriz polimérica, enquanto os estudos TEM revelaram a decoração da superfície do CCTO com nanopartículas de prata. Este estudo poderá contribuir para uma melhor otimização do compósito polimérico com propriedades dieléctricas melhoradas para aplicações de armazenamento de energia.

Agradecimentos

BG deseja agradecer o apoio financeiro do programa VR-CSET da Universidade da África do Sul. O autor gostaria também de agradecer ao Prof. A.K. Pal e ao Prof. R. Bhar da Universidade de Jadavpur, ao Prof. Sekhar C. Ray da Universidade da África do Sul, ao Prof. Rodrigo Espinoza-Gonzâlez da Universidade do Chile em Santiago, Chile, ao Dr. S. Hussain do UGC-DAE-CSR, Govt. S. Hussain da UGC-DAE-CSR, Governo da Índia, Dr. D. Ghosh do IISER Kolkata, Sr. R. Bhunia do IIT-Kanpur, Índia e Sra. D. Mazumder da Universidade de Nottingham, Reino Unido, pelas suas discussões e sugestões frutuosas.

Referências

[1] T. Osaka, M. Datta, Energy Storage Systems for Electronics: Gordon and Breach, Amesterdão, Países Baixos (2001).

[2] P. Barber, S. Balasubramanian, Y. Anguchamy, S. Gong, A. Wibowo, H. Gao, H. J. Ploehn, H.-C. zur Loye, Materials 2 (2009) 1697.

[3] B.H. Fan, J.W. Zha, D.R. Wang, J. Zhao, Z.M. Dang, Appl. Phys. Lett. 100 (2012) 092903-5.

[4] T. Furukawa, K. Ishida, E. Fukada, J. Appl. Phys. 50 (1979) 4904.

[5] L. Dong, C. Xiong, H. Quan, G. Zhao, Scr. Mater. 55 (2006) 835.

[6] B. Ghosh, Rocio M. Tamayo Calderón, R. Espinoza-Gonzâlez, Samuel A Hevia, Materials Chemistry and Physics, 196 (2017) 302.

[7] A.J. Lovinger, Developments in Crystalline Polymers; In: D. C. Basset (editor), Londres: Elsevier (1982).

[8] H.S. Nalwa, Ferroelectric polymers: chemistry, physics and applications (Polímeros ferroeléctricos: química, física e aplicações), Nova Iorque: Marcel Dekker (1995).

[9] F.L. Brown, Proc. SPIE 1733 (1992) 27.

[10] A.V. Shirinov, W.K. Schomburg, Sens. Actuators A 142 (2008) 48.

[11] J. Hirschinger, D. Schaefer, H.W. Spiess, A.J. Lovinger, Macromolecules 24 (1991) 2428.

[12] P. Sajkiewicz, A. Wasiak, Z. Goclowski, Eur. Polym. J. 35 (1999) 423.

[13] R. Gregorio, J. S. Borges, Polymer 49 (2008) 4009.

[14] E. Giannetti, Polym. Int. 50 (2001) 10.

[15] J.J. Wang, H.H. Li, J.C. Liu, Y.X. Duan, S.D. Jiang, S.K. Yan, J. Am. Chem. Soc. 125 (2003) 1496.

[16] G.T. Davis, K.Y. McKinney, M.G. Broadhurst, S.C. Roth, J. Appl. Phys. 49

(1978) 4998

[17] R. Bhunia, B. Ghosh, D. Ghosh, S. Hussain, R. Bhar, A.K. Pal, Journal of Polymer Research, 22 (2015) 1.

[18] R. Bhunia, D. Ghosh, B. Ghosh, S. Hussain, R. Bhar, A.K. Pal, Polymer International, 64 (2015) 924.

[19] R. Bhunia, B. Ghosh, D. Ghosh, S. Hussain, R. Bhar, A.K. Pal, Polymers for Advanced Technologies, 26 (2015) 1176.

[20] R. Bhunia, D. Ghosh, B. Ghosh, S. Hussain, R. Bhar, A.K. Pal, Journal of Composite Materials, 49 (2015) 3089.

[21] J. Zheng, A. He, J. Li, C.C. Han, Macromol. Rapid Commun. 28 (2007) 159.

[22] D. Mandal, S. Yoon, K.J. Kim, Proc. Int. Conf. Intelligent Textiles, Seoul O-11 (2010) 31-32.

[23] R.G. Kepler, R.A. Anderson, J. Appl. Phys. 49 (1978) 1232.

[24] Z.Y. Wang, H.Q. Fan, K.H. Su, Z.Y. Wen, Polymer 47 (2006) 7988.

[25] D.N. Fang, A.K. Soh, C.Q. Li et. al., J. Mater. Sci.36 (2001) 3281.

[26] M. Dietze, M. Es-Souni, Sensors Actuators A Phys 143 (2008) 329.

[27] B. Ploss, F.G. Shin et. al. Appl. Phys. Lett.76 (2000) 2776.

[28] A. Lonjon, P. Demont, E. Dantras, et. al. J. Non-Cryst. Solids 358 (2012) 236.

[29] J. Hong, Y. He, Desalination 302 (2012) 71.

[30] L. Guo, S. Yang, Chem. Mater.12 (2000)2268.

[31] P.I. Devi, K. Ramachandran, J. Exper. Nanosci.6 (2011) 281.

[32] Z.L. Wang, MRS Bulletin 37 (2012) 814.

[33] R. Zhu, D. Wang, S. Xiang, et. al. Nanotecnologia 19 (2008) 285712.

[34] Z.L. Wang, J. Song, Science 312 (2006) 242.

[35] H-B. Lin, M-S. Cao, Q-L. Zhao, et. al. Scripta Materialia 59 (2008) 780.

[36] L.W. Ji, W.S. Shih, T.H. Fang, et. al. J. Mater. Sci. 45 (2010) 3266.

[37] D. Shvydka, J. Drayton, A.D. Compaan, V.G. Karpov, Appl. Phys. Lett. 87 (2005) 123505.

[38] A.P. Ramirez, M.A. Subramanian, M. Gardela, G. Blumberga, D. Li, T. Vogt, S.M. Shapiro, Solid State Commun. 115 (2000) 217.

[39] S.Y. Chung, I.D. Kim, S.J. Kang, Nat Mater. 3 (2004) 774.

[40] L. Feng, X. Tang, Y. Yan, X. Chen, Z. Jiao, G. Cao, Phys. Status Solidi. 203 (2006) R22-R24.

[41] Z.M. Dang, J.K. Yuan, J.W. Zha, T. Zhou, S.T. Li, G.H. Hu, Prog. Mater. Sci. 57 (2012) 660.

[42] P. Thomas, K.T. Varughese, K. Dwarakanath, K.B.R. Varma, Sci. Technol. 70 (2010) 539.

[43] Z.M. Dang, Y.Q. Lin, H.P. Xu, C.Y. Shi, S.T. Li, J. Bai, Adv. Funct. Mater. 18 (2008) 1509.

[44] L. Ren, X. Meng, J.W. Zha, Z.M. Dang, RSC Adv. 5 (2015) 65167.

[45] Y. Yang, H. Sun, D. Yin, Z. Lu, J. Wei, R. Xiong, J. Shi, Z. Wang, Z. Liu, Q. Lei, J. Mater. Chem. A. 3 (2015) 4916.

[46] M. Arbatti, X. Shan, Z.Y. Cheng, Adv. Mater. 19 (2007) 1369.

[47] Y. Zhang, Y. Wang, Y. Deng, M. Li, J. Bai, ACS Appl. Mater. Interfaces. 4 (2012) 65.

[48] Q. Chi, J. Sun, C. Zhang, G. Liu, J. Lin, Y. Wang, X. Wang, Q. Lei, J. Mater. Chem. C. 2 (2014) 172.

[49] L. Xie, X. Huang, Y. Huang, K. Yang, P. Jiang, J. Phys. Chem. C. 117 (2013) 22525.

[50] Z.M. Dang, J.K. Yuan, S.H. Yao, R.J. Liao, Adv. Mater. 25 (2013) 6334.

[51] J. Lu, K.S. Moon, C.P. Wong, J. Mater. Chem. 18 (2008) 4821.

[52] Z.M. Dang, Y. Shen, C.W. Nan, Appl. Phys. Lett. 81 (2003) 4814.

[53] K. Li, H. Wang, F. Xiang, W. Liu, H. Yang, Appl. Phys. Lett. 95 (2009) 2012.

[54] S. Luo, S. Yu, R. Sun, C.P. Wong, ACS Appl. Mater. Interfaces. 6 (2014) 176.

[55] S. George, M.T. Sebastian, Composites Science and Tech. 69 (2009) 1298.

[56] Y-J. Lee, J. Wang, S.R. Cheng, J.W.P. Hsu, ACS Appl. Mater. Interfaces5 (2013) 9128.

[57] W.K. Choi, D.H. Park, B.W. Kwon, D.I. Son; Patente dos EUA n.º WO2012165753 A1, Pedido n.º PCT/KR2012/001433 (2012).

[58] D. Park, Y. Tak, J. Kim, K. Yong, Surf. Rev. Lett.14 (2007) 1061/

[59] F. Liang, C.W. Zou, W. Xie, S.W. Xue, Appl. Phys. A116 (2014) 243.

[60] L.N. Sim, S.R. Majid, A.K. Arof, Vibr. Spectrosc. 58 (2012) 57.

[61] L. Wu, Y. Wu, X. Pan, F. Kong, Optical Mater.28 (2006) 418.

[62] H. Kleinwechter, C. Janzen, J. Knipping, H. Wiggers, P. Roth, J. Mater. Sci.37 (2002) 4349.

[63] S. Muthukumaran, R. Gopalakrishnan, Optical Mater.34 (2012) 1946.

[64] J. Singh, P. Kumar, K.S. Hui, K.N. Hui, K. Ramam, R.S. Tiwari, O.N. Srivastava, Cryst. Eng. Comm. 14 (2012) 5898.

[65] X. Liu, J. Zhang, L. Wang, T. Yang, X. Guo, S. Wu, S. Wang, J. Mater. Chem.21 (2011) 349.

[66] R. Paul, M.K. Sharma, R. Chatterjee, S. Hussain, R. Bhar, A.K. Pal, Appl. Surf. Sci. 258(2012) 5850.

[67] B. Ghosh, S. Hussain, D. Ghosh, R. Bhar e A.K. Pal, Physica B: Condensed Matter, 407 (2012) 4214.

[68] A.P. Indolia, M.S. Gaur, J. Polym. Res. 20 (2013) 43(1-8).

[69] S.W. Xue, X.T. Zu, W.G. Zheng, H.X. Deng, X. Xiang, Physica B381 (2006) 209.

[70] S.R. Bhattacharyya, R.N. Gayen, R. Paul, A.K. Pal, Thin Solid Films 517 (2009) 5530.

[71] Y. Zhao, Q. Liao, G. Zhang, Z. Zhang, Q. Liang, X. Liao, Y. Zhang, Nano Energy 11 (2015) 719.

[72] D.K. Ferry, Semiconductors, Nova Iorque: McMillan, Ch-5, ISBN 0-02337130-7 (1991).

[73] D. Bhattacharya, S. Chaudhuri, A.K. Pal, Vacuum 43 (1992) 313.

[74] D.C. Look, D.C. Reynolds, J.R. Sizelove, R.L. Jones, C.W. Litton, G. Cantwell, W.C. Harsch, Solid State Commun. 105 (1998) 399.

[75] A.R. West, D.C. Sinclair, N. Hirose, J. Electroceram. 1 (1997) 65.

[76] J. Bird, Electrical Circuit Theory and Technology, Routledge, pp-567 (2014).

[77] K. Senthil, D. Mangalaraj, Sa.K. Narayandass, R. Kesavamoorthy, G.L.N. Reddy, Nucl. Instrum. Methods Phys. Res. B 173 (2001) 475.

[78] J. Mansouri, R.P. Burford, Polymer 38 (1997) 6055.

[79] Q.M. Zhang, H.F. Li, M. Poh, F. Xia, Z.Y. Cheng, H.S. Xu, Nature 419 (2002) 284.

[80] S.H. Kim, K.W. Lee, I-M Kim, C.E. Lee, K-S Lee, Appl. Phys. Lett. 88 (206) 192901 (2006).

[81] R.M. Neagu, E. Neagu, N. Bonanos, P. Pissis, J. Appl. Phys. 88 (2000) 6669.

[82] Y. Lu, J. Claude, L.E. Norena-Franco, Q. Wang, J. Phys. Chem. B. 112 (2008) 10411.

[83] W. Yang, S. Yu, R. Sun, R. Du, Ata Materialia 59 (2011) 5593.

[84] C.W. Nan, Y. Shen, J. Ma, Annu. Rev. Mater. Res. 40 (2010) 131.

[85] M. Panda, V. Srinivas, A.K. Thakur, Appl. Phys. Lett. 93 (2008) 242908.

[86] X. Huang, P. Jiang, L. Xie, Appl. Phys. Lett. 95 (2009) 2012.

[87] N.G. Devaraju, B.I. Lee, J. Appl. Poly. Sci. 99 (2006) 3018.

[88] J. Fu, Y. Hou, M. Zheng, Q. Wei, M. Zhu, H. Yan, ACS Appl. Mater. Interfaces 7 (2015) 24480.

[89] S.H. Yao, Z.M. Dang, M.J. Jiang, J. Bai, Appl. Phys. Lett. 93 (2008) 182905.

[90] D.R. Wang, T. Zhou, J.W. Zha, J. Zhao, C.Y. Shi, Z.M. Dang, J. Mater. Chem. A. 1 (2013) 6162.

[91] S. Luo, S. Yu, R. Sun, C.P. Wong, ACS Appl. Mater. Interfaces 6 (2014) 176.

[92] K.H. Kim, B. Kumar, K.Y. Lee, H.K. Park, J.H. Lee, H.H. Lee, H. Jun, D. Lee, S.W. Kim, Sci. Rep. 3 (2017) 1.

[93] L. Chen, X. Xu, P. Zeng, J. Ma, Intern. J. Dist. Sens. Net. 2014 (2014) 1.

[94] T. Huang, C. Wang, H. Yu, H. Wang, Q. Zhang, M. Zhu, Nano Energy 14 (2015) 226.

[95] K.Y. Lee, M.K. Gupta, S.W. Kim, Nano Energy 14 (2014) 139.

[96] R. Bhunia, S. Das, S. Dalui, S. Hussain, R. Paul, R. Bhar, A.K. Pal, Applied physics A 122 (2016) 637.

[97] E.S. Nour, A. Bondarevs, P. Huss, M.O. Sandberg, S. Gong, M. Willander, O. Nur, Nanoscale Research Letters 11 (2016) 156.

[98] E.S. Nour, M.O. Sandberg, M. Willander, O. Nur, Nano Energy 9 (2014) 221.

[99] M.E. Wankhede, S.K. Haram, Chem. Mater. 15 (2003) 1296,

[100] V. Popescu, E.M. Pica, P. Ileana, G. Rodica, Thin Solid Films 349 (1999) 67.

[101] H. Joffe, D. Berlincourt, H.H.A. Krueger , L.R. Shiozawa, Propriedades piezoeléctricas dos cristais de sulfureto de cádmio, 14° Simpósio Anual de Controlo de Frequência. 1960, DOI: 10.1109/FREQ.1960.199429

[102] M. Mitra, J. Drayton, M.L.C. Cooray, V.G. Karpov, D. Shvydkac, Journal of Applied Physics 102 (2007) 034505.

yes

I want morebooks!

Buy your books fast and straightforward online - at one of world's fastest growing online book stores! Environmentally sound due to Print-on-Demand technologies.

Buy your books online at
www.morebooks.shop

Compre os seus livros mais rápido e diretamente na internet, em uma das livrarias on-line com o maior crescimento no mundo! Produção que protege o meio ambiente através das tecnologias de impressão sob demanda.

Compre os seus livros on-line em
www.morebooks.shop

Printed by Books on Demand GmbH, Norderstedt / Germany